逻辑思考力

从逻辑思考到解决问题的方法和技巧

杨腾飞 / 著

天津出版传媒集团

天津科学技术出版社

图书在版编目（CIP）数据

逻辑思考力：从逻辑思考到解决问题的方法和技巧 /
杨腾飞著 . -- 天津：天津科学技术出版社，2020.4（2021.1 重印）

ISBN 978-7-5576-7533-2

Ⅰ . ①逻… Ⅱ . ①杨… Ⅲ . ①逻辑思维 Ⅳ .
① B804.1

中国版本图书馆 CIP 数据核字（2020）第 046413 号

逻辑思考力：从逻辑思考到解决问题的方法和技巧
LUOJI SIKAOLI CONG LUOJI SIKAO DAO JIEJUE WENTI DE
FANGFA HE JIQIAO

| 策　划　人：杨　譞 |
| 责任编辑：刘丽燕 |
| 责任印制：兰　毅 |

出　　版：天津出版传媒集团
　　　　　　天津科学技术出版社
地　　址：天津市西康路 35 号
邮　　编：300051
电　　话：（022）23332490
网　　址：www.tjkjcbs.com.cn
发　　行：新华书店经销
印　　刷：三河市华成印务有限公司

开本 880×1230　1/32　印张 8　字数 160 000
2021 年 1 月第 1 版第 3 次印刷
定价：38.00 元

你是否处于思维原地踏步找不到解决方案的窘境；你是否正陷在迷茫状态，找不到突破口？

生活实践告诉我们，我们的日常工作和生活都要借助逻辑，并通过逻辑提供的方法识别和驳斥谬误。如果我们不会逻辑思考，就会掉入别人设置的逻辑陷阱，从而影响正常的工作和生活。

一切思考都离不开逻辑力量的驱动。在当下的信息大爆炸时代，我们想要实现自己的目标，不仅需要艰苦奋斗，更需要头脑灵活，拥有良好的逻辑思考力。况且我们身边充斥着大量的真假难辨的信息，有时候很多言论乍看貌似合理，但经过仔细分析就会发现其中的不合逻辑现象。而只有不断提升逻辑思考力，才能分辨其中的真假，从而做出更好的判断，在工作和生活中不断提升效率。

逻辑思考方式在日常生活中的作用广泛，可用于各种情境。逻辑思考有助于提高各种能力，增进各种能力的综合运用。第一，提高信息收集力与分析力。即使是阅读报纸或杂志，如果重视基础疑问，就能增强探索意识。如果对各种事物都怀有好奇心，那么就可以提高信息收集力。第二，提高自我推销力。通过摆道理、简单清楚地进行说明，能够有效说服听者。第三，提高交涉力和说服力。逻辑性的谈话方式使初次见面的人易于沟通，并能加深相互间的信任与理解。第四，提高思考能力和解决问题的能力。通过在自己头脑中讲道理并养成逻辑思考的习惯，思考能力也得到了提高。

精英和普通人真正的差异是思维模式。本书以图解和故事的形式，诙谐生动地分析、讲解逻辑学知识，包括对逻辑概念、判断、推理、归纳、论证等的深入解读，并在此基础上引申出相关的逻辑理论。同时，依据这些逻辑学知识，对逻辑思考力的作用、来源、训练及提升方法加以详细讲解和说明，帮助读者加深对逻辑思考力的理解，提高逻辑思考力水平。

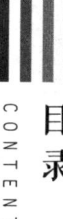

目录
CONTENTS

1

第三章 DISANZHANG

逆转思维，在更高的层面解决问题

第四章 DISIZHANG

逻辑精进术，教你快速切换思考方式

逻辑思考力：
从逻辑思考到解决问题的方法和技巧

第七章 DIQIZHANG
不断逼近问题本质，练就顶级思考力

逻辑思考力：
从逻辑思考到解决问题的方法和技巧

逻辑思考力第一课，绕圈子的学问

思维与逻辑

思维

所谓思维，就是人脑加工、处理知识和信息的活动，是人脑间接地、概括地反映客观现实的过程，是一种高级形式的认识。

思维反映出的，不仅是客观事物的本质属性，也包括规律性的联系。

作为人脑对客观事物的间接的、概括的反映，思维揭示事物本质特征、展露事物内部规律，是一种理性认知的行为。

思维反映客观现实和世界的意识与精神，属于哲学范畴；进行判断与推理，属于逻辑学范畴；关系心理活动的过程及抽象事物时，属于心理学范畴；同时，思维也涉及科学、教育、领导及管理学等学科。

世界上的任何学科都离不开思维。因此我们可以这样说：思维科学，乃万学之学。日常生活中，我们经常会使用到思维的替代语，比如思考、想、考虑等。思维在我们生活中，几乎涉及所有活动，并发挥着不可小视的重要作用。

第一，思维让人类从理性角度重新认识世界。离开思维，人类与动物没有任何区别，就不可能系统地对世界产生认知。思维

话说思维

思维的定义

联想到美女，
规律性联系

本质属性

思维是什么

我到底是谁的小孩？

哲学爷爷

逻辑学姐姐

心理学哥哥

教育学奶奶

管理学老师

科学叔叔

思维

思维对人类的重要性

如果人类没有思维，
将停滞在原始状态

思维使人类不
断进步，还进
入了太空

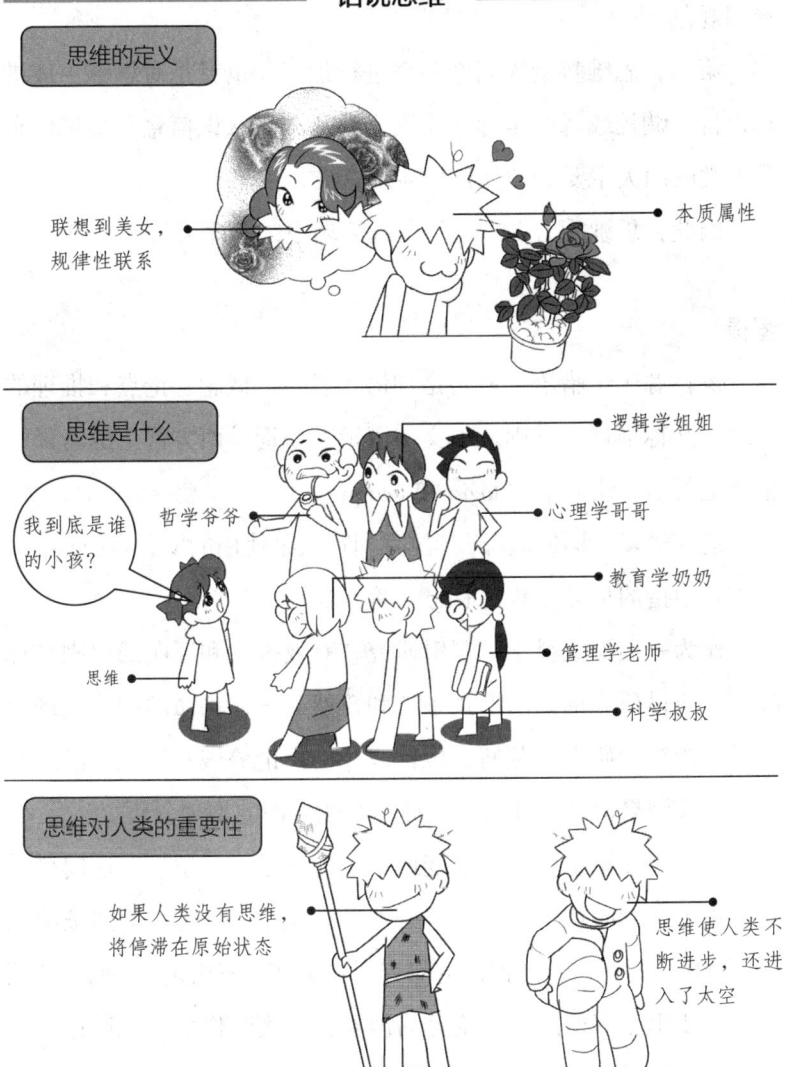

是人脑吸收信息并对事物、对象和认识事物的方式进行选择、解释和规范。

第二，思维教会人们对信息进行加工，也就是对思维主体进行评价、调控或者决策等一系列实践活动。认识信息和加工信息是人类的两大主要活动，且均涉及思维。

因此，思维能力在人类的所有活动中，发挥了关键作用。

逻辑

逻辑源于希腊语，最初是词语、思想、概念、论点和推理的意思，又称推理、理则。中文"逻辑"一词是西方词汇的音译，也就是英语和法语中的 logic 和 logique。

追究逻辑一词的起源，赫拉克利特最早使用的罗各斯（logos），在语言中指的是必然意义上的"客观次序"。

作为一门形式科学，逻辑研究"有效推论和证明的原则与标准"。通过研究推论的形式系统和自然语言，将命题和论证进行分类。逻辑学研究的范畴，包括谬论与悖论等核心议题，以及利用概率或因果论进行推断或论证等专业方面的推理分析。

逻辑在亚里士多德手中变成了一门科学。"逻辑"这门科学在亚里士多德时期，是关于"必然推理规则"或者"必然证明或论证规则"的。当时他把他的研究对象称作"三段论"，而非"逻辑"。亚里士多德的三段论分为两类：一类叫作蕴含三段论，一类叫作归纳三段论，也就是完全归纳的一种，具有演绎性。虽然

逻辑研究的问题

1902年，严复先生在翻译《穆勒名学》时，曾把"逻辑"意译为"名学"，但是这与名家名教中"名学"的本意有所违背。逻辑的学科称为逻辑学，或者称为推理学、理则学，是研究推理的学问。

亚里士多德三段论的基本形式

蕴涵三段论

埃勒里·奎因的小说能让你废寝忘食，而废寝忘食能让你身材苗条，那么埃勒里·奎因的小说能让你身材苗条。

归纳三段论

技术娴熟的舵工是最有能力的舵工，技术娴熟的战车驭手是最有能力的驭手，那么一般地说，技术娴熟的人就是在某一特定方面最有能力的人。

随着人们深入研究逻辑、重视其在语言交际中的作用，逻辑思维也在语言交际中扮演着越来越重要的角色。

他也为了与"逻辑"进行对比，而从辩论意义上提到过"简单枚举归纳"，但是显然这还不具备逻辑意义。

学者们研究逻辑时，曾把它作为哲学的一个分支。从十九世纪中期以来，逻辑便常常出现在数学和计算机科学的研究当中。

现在，日常的辩论中，也常常会用到逻辑。比如，一家三口在逛街时经过一家玩具商店。孩子向妈妈提出买某个玩具的请求，被妈妈拒绝了。于是孩子对爸爸说，爸爸比妈妈好，爸爸给我买个玩具吧。

这个例子反映了逻辑的最基本公式。

逻辑的本意不只是"推理规则"，还包括"必然推理规则"。这其实就是逻辑学与其他学科的本质区别所在。现在很多中国的学者要求逻辑学研究其内容是否为真，就像当初责怪经济学不研究"生产力"一般，这样做违背了科学分科的原理。假设逻辑学什么都要研究的话，就可以叫作"知识学"了。

思维与逻辑

人们认识事物的过程可以分为感性和理性两个阶段。

前者是人们在实践的基础上，通过感觉、直觉和表象等手段对事物进行认知；后者则是在感性的基础上形成概念，并构成判断和命题，进行推理和论证的阶段。

在理性阶段，人们用思考的方式改造丰富的感性认识，透过事物的表象和外部关系认识其本质和内部联系。这种认识的理性

逻辑中的思维形式

逻辑中的思维

还是没逃脱?

一般思维

训练逻辑思维

有甲、乙、丙三个学生，分别为北京人、上海人、武汉人。他们分别学国际金融专业、工商管理专业和外语专业。其中：甲不学国际金融；乙不学外语，学国际金融的不是北京人；学外语的是北京人；乙不是武汉人。问：甲的专业什么?

思考是人类征服世界的唯一力量。如果想洞悉世界更多的秘密，那么建议你先在逻辑游戏中锻炼和培养自己。

阶段，就是人们常说的思维。

逻辑是一门讲述思维形式的学问。但是，逻辑中所谓的思维形式并不包括所有人类的一般思维。

就像在方块中割取圆形，永远无法占据整个方块。逻辑中的思维也是如此，我们永远无法穷尽一般思维的方块。思维形式有多种体现，词项逻辑侧重类属关系，命题逻辑侧重依存关系。由于人们有着不同的审美观点，对思维形式的发掘也在深度、广度上各不一致。现代逻辑逐渐渗透到数学领域，但距离时代呼唤的一般思维的逻辑，还有着一段距离。

逻辑为思维提供逻辑方面的具体知识，更利用这些逻辑形式对思维展开规范性训练。虽然逻辑形式和规律有限，不可能适用于无限的思维实践，但在对它们的反复使用中，却能够加强人们对逻辑思维一般原理的理解和领悟，从而具备更明确、更周密、更有序的高层次思维。

这种对思维的规范和升华，正是逻辑形式训练的成果。

逻辑思考力是高效的系统思维

什么是逻辑思维

逻辑思维是一种高级思维形式，又称抽象思维。逻辑思维不能模棱两可，应该确定；不能自相矛盾，要保持前后一致。它是一种运用综合、分析、总结和演绎的方法。对各种各样的感性事物进行的去伪存真、精益求精、由表及里的加工制作过程，我们才称为有条理、有根据的思维。

逻辑思维的过程比较繁复，试图通过多个环节对事情做全面整体的思考，从中得到一个拥有系统的发展性事物的认识过程。

逻辑思维的形成与发展基础是通过适合于人们从哪些方面来把握事物本质，确定逻辑思维的任务和方向是通过实践的需求决定的。逻辑思维的逐步发展、深化也是随着实践的发展而发展的。

逻辑思维的表现及运用

逻辑思维的培养包括以下几个方面：

1. 灵活运用

逻辑思维有使用技巧，不是有了逻辑思维能力就能解决一切问题。学习中，文科生与理科生的差异不在逻辑思维的有无。

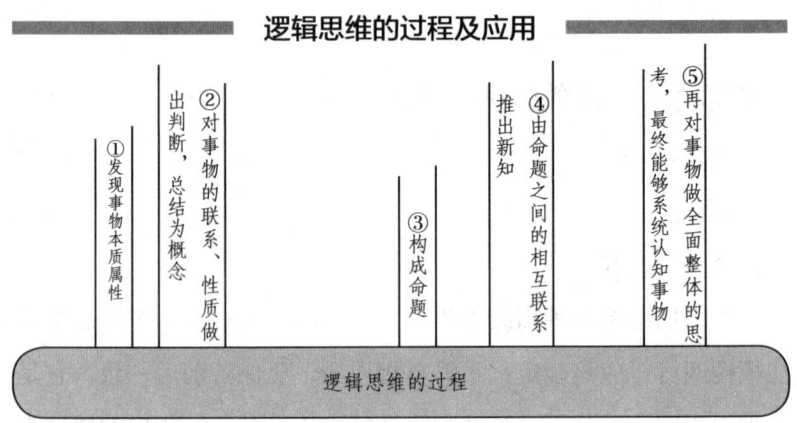

逻辑思维的过程及应用

①发现事物本质属性

②对事物的联系、性质做出判断，总结为概念

③构成命题

④由命题之间的相互联系推出新知

⑤再对事物做全面整体的思考，最终能够系统认知事物

逻辑思维的过程

在现实生活中也是不分文理的，有些人被人们认为逻辑能力强，其实是思想能力强。而且思想也只是逻辑的说明，并不是逻辑的结果。

2. 参与辩论

与人辩论，可以产生思想，同时也可以自己和自己辩论。

3. 坚持常识

坚守常识对逻辑思维来说非常重要。

但是有一点值得注意，就是不能固守归纳的结论。

4. 提出疑问

如果逻辑上明显地发生了错误，那么即使面对的是专家学者也要质疑。

逻辑思维的特征

抽象性

通过一般现象来认知事物的发展变化规律和本质，注意发现事物之间的联系，从而上升到对真理的认知，也就是人们从现象到本质的认识是通过逻辑思维完成的。

从人类科技发展来看，古希腊人喜欢用科学方法来倡导一切，科学本身是抽象的。亚里士多德因为逻辑思维能将抽象中的规律掌握，可以说是一切思维之本，在混乱的科学理论面前用逻辑思维可以较为容易地探求原理和本质。

古希腊人还根据古埃及人和古巴比伦人的数学素材，发明了智力革命，就是从多样的事物中找出共同点，并把它总结出来，归纳总结出普遍的道埋。比如他们从一个三角形代表一切三角形所有的共同特性，变成一般化的逻辑概念。

确定性

经验也可以称为前知识，主要特征就是不确定性。相对于经验论的不确定性，确定性是逻辑思维的重要特征。理论知识和日常知识的区别就在于有无严密的确定性。

逻辑思维特征之间的对话

　　一些定义之所以能流传于世，就是因为能够直接地解释和描述个别的研究领域和某些现象中的全部。比如，牛顿定理能解释一切机械运动的各类现象，显示了逻辑思维的力量。我们在日常生活中提到的信息和系统，上升到信息论和系统论就变得不一样，有了更进一步的严格定义。

其他特征

　　抽象性和确定性决定了逻辑思维的其他特征。如外在性、精确性、整合性和辨析性。

逻辑思维的作用

有助于正确看待客观事物

我们在客观事物的认识过程中，都想要对客观事物获得正确的认识，除了要有一定的逻辑知识外，还应该多参加实践活动。以辩证唯物主义世界观为指导，掌握和学习逻辑知识，对我们更好地认识客观事物，进行正确的思维都是有帮助的。

因为，只有通过正确的思维才能获得正确的认识，而逻辑结果的有效性和正确性，是正确思维的必要条件。

恩格斯说："形式逻辑也首先是探寻新结果的方法，由已知进到未知的方法。"

欧几里得的几何学推出了很多人们不知道的几何定理，但是其实也是从少数的几条公式出发，通过逻辑推导而推出的。

门捷列夫发明化学元素周期表之后，人们又根据元素的原子价和原子量关系对比关系，发现了很多不为人知的新元素，人们推算类硼元素应该存在于钾和钠之间，结果后来果然在实验中被证实了。

刑事案件的侦查工作一般都没有第一手资料，当刑警们知道的时候一般都是案件发生、凶犯逃离现场后，刑警们只能通

逻辑使我们学会了正确思维

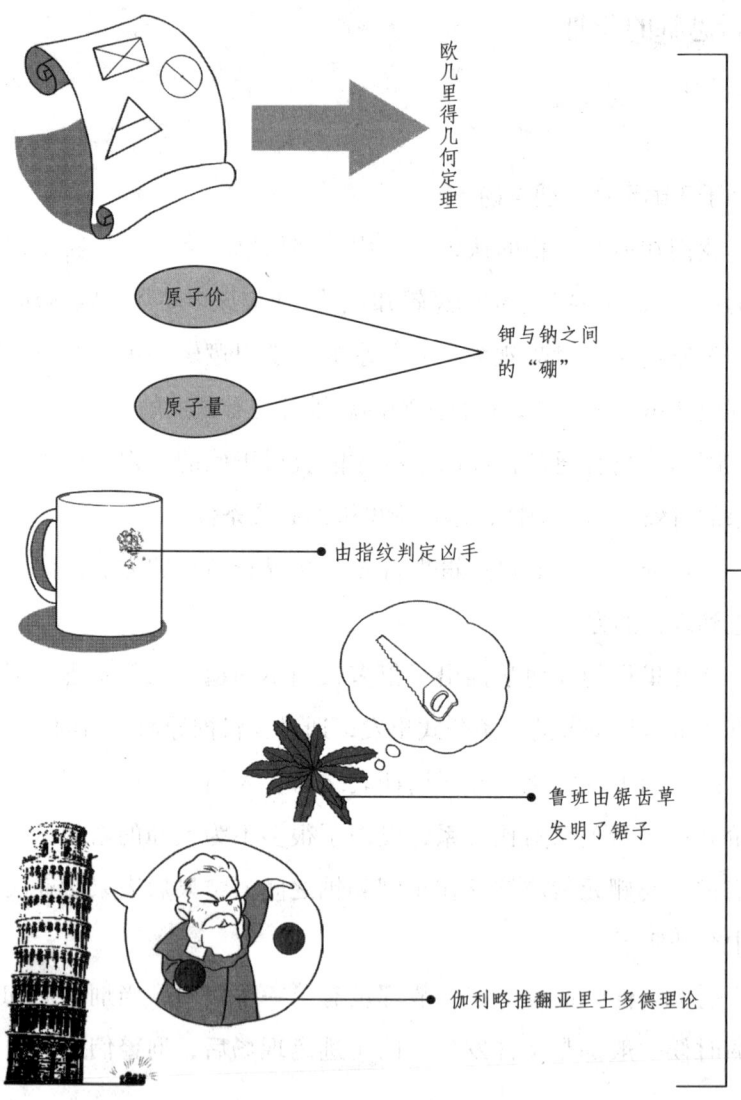

欧几里得几何定理

原子价

原子量

钾与钠之间的"硼"

由指纹判定凶手

鲁班由锯齿草发明了锯子

伽利略推翻亚里士多德理论

逻辑推理的作用

逻辑思考力：
从逻辑思考到解决问题的方法和技巧

过可疑的线索和现场的情况来利用逻辑推理，一步步地摸清案情，从假设到验证，最后找出罪犯。

　　逻辑推理在审判阶段也有重要的作用，审查证据和认定事实也都离不开它。鲁班发明锯子，"镭"被居里夫人发现，亚里士多德长期统治物理学界的"物体下落其重量与速度成正比"的论断被伽利略推翻都曾运用逻辑推断，从而更好地认识客观事物。

有助于严密地论证思想和准确地表达思想

　　正确思想的重要特征就是思想的准确性和论证性。

　　马克思、恩格斯和列宁都相当重视思想的论证和表达的逻辑力量。

　　斯大林在赞扬列宁的演说才能时说："当时使我佩服的是列宁演说中那种不可战胜的逻辑力量，这种逻辑力量虽然有些枯燥，但是紧紧地抓住听众，一步进一步地感动听众，然后就把听众俘虏得一个不剩。我记得当时有很多代表说：'列宁演说中的逻辑好像万能的触角，用钳子从各方面把你钳住，使你无法脱身：你不是投降，就是完全失败。'"

　　李卜克内西也在回忆马克思时写道："没有人具有比他更明确表达自己思想的才能。语言的明确是由于思想的明确，而明确的思想必然决定明确的表达方式。"

　　混乱的思想和表达，是不能吸引人、感染人、抓住人的，有时还会达不到应有的目的，还会让大家耻笑。

比如，民国军阀韩复榘有一次给大学生的演讲，这样说道：

"今天是我演讲的天气，我看人来得很茂盛，大概来了三分之五吧……同学们都是上大学的、念大书的、都懂七、八国英文……。"

在实际生活中，由于缺乏逻辑修养而表达得不合逻辑的事例比比皆是。

比如，某报在一篇报道中说："新选的厂长吴某，今年才22岁，应届毕业生。"还有某地的一篇报道说："我商场新进一批天津产女士坤表……"

有助于破斥谬误，揭穿诡辩

人们在学习工作的过程中，除了对正确的思想加以论证，也要对错误的思想加以批判和揭露。

谬误的种类繁多，不乏由于违反逻辑规律和规则产生的理论，与逻辑直接或间接相关。而诡辩则是利用逻辑错误，混淆视听、颠倒黑白，是对逻辑规律和规则故意的、有意识的违背。

例如，美国一位憎恨共产党人的参议员，在选举遭到反对时公开说"凡共产党人都憎恨我，你憎恨我，所以，你是共产党人。"

美国的逻辑学家贝尔克里义正词严地驳斥了他："凡鹅都吃白菜，你吃白菜，所以，你是鹅。"

历史上逻辑最混乱的纲领就是起草于 19 世纪 70 年代的德

凡鹅都吃白菜，你吃白菜，所以，你是鹅。

正确思维

谬论

在日常生活中，有些人说话做事不合逻辑，常常闹出一些笑话。

有意识地训练自己的逻辑思维，会让言辞缜密，做事井井有条。

国社会主义工人党的纲领《哥达纲领》，对于其中自相矛盾的一句"劳动所得应当不折不扣和按着平等的原则属于社会一切成员"，马克思就曾进行反驳："如果劳动所得应当不折不扣和按着平等原则属于社会一切成员，那么也属于不劳动的那些人吗？这样的话，不折不扣的劳动成品又体现在哪里呢？如果只属于社会中劳动的那些人，那么又怎么是按着平等原则属于社会一切成员呢？"

在学习逻辑知识时，只有掌握了正确的思维逻辑形式和逻辑规律，才能够准确地辨识出谬误和诡辩，并加以破解。

逻辑思维的形式

概念

对同类事物共同的一般特性与本质属性的概括的反映就是概念，它是思维的细胞，也是思维的最基本形式。

事物本身及事物的本质属性，都是概念这种思维形式的一种反映和表现。事物的内涵和外延是概念的重要构成部分，即我们所说的质和量。

所谓的事物的"质"，也就是事物的本质属性，反映了概念的意义，构成了概念的内涵。所谓的事物的"量"，也就是具体的事物及具有此类特有属性的对象，以及包蕴宽广的范围，构成了事物的外延。

举例来说，构成"人"这一概念的内涵和外延分别是，"区别于其他生物的具有感情和理性的动物"和"所有的包括男女老少等各类特点的人类"。

又例如，"国家"的内涵包括：阶级社会中所特有的政治实体，是阶级矛盾不可调和的产物，是由军队、警察、监狱、法庭、立法机构和行政机构组成的暴力统治机器等；而它的外延是指古今中外的一切国家。

| 什么是美女 | 内涵：有修养的、气质高雅的、容貌秀丽的女性，她们和灰头土脸的女性不一样，总是给人以愉悦的感觉，至少能在第一眼留下不错的印象。 |
| | 外延：四大美人，金陵十二钗，费雯·丽，奥黛丽·赫本…… |

概念以内涵与外延相统一的方式构成主体对客体的规定性的把握。概念的内涵规定了概念的外延，概念的外延也影响着概念的内涵。要明确一个概念就是可以从这个概念的内涵和外延两个方面加以明确。

总的来说，事物的内涵和外延是构成概念的不可或缺的两方面。概念的内涵反映事物的本质属性，概念的外延反映具体对象及范围。

划分和定义是理解概念的一个有效途径。

对于概念的外延和内涵，我们需要运用定义法和划分法这两个重要的逻辑方法，才能更好地明确概念，深入了解事物的本质意义。

判断

判断对事物之间联系或关系的逻辑反映是判断的内容。在形式上，判断表现为概念和概念之间的联系或者关系。

判断可以用陈述句或反诘疑问句来表达判定。例如："难道我们不能奉献一点爱心吗？"在祈使句、感叹句或者疑问句中，这些倾向于指使、感叹、怀疑的句式一般不会表达判断。

判断是一个明确真与伪的有效工具。判断可以分为真判断和假判断。一个判断是否是实际情况的反映，二者之间是否存在本质的出入，明确这些是确定真假判断的必要手段。一句话，实践是检验判断真伪的有效标准。

简单判断和复合判断是两种主要的判断形式。本身是单一的、不包括其他形式的判断是简单判断，不仅仅是本身的判断，还有其他形式的判断在内的是复合判断。

简单判断又包含性质判断和关系判断两种形式。

判定事物之间不同属性、不同性质的判断是性质判断。全称肯定判断和全称否定判断，特称肯定判断和特称否定判断是性质判断的四种基本形式。判定不同事物之间的关系的判断是关系判断。其中包括对称关系、非对称关系和反对称关系。

复合判断又包含联言判断、选言判断、假言判断和负判断等。不同的几种事物之间是否存在着一致的情况，对此的判定是联言判断。具体深入每一个联言事物分支的情况是否一致，是否同时为真，是区分联言判断真假的有效手段。

不同的事物之间是否存在至少一个情况一致，对此的判定是选言判断。某一事物的情况能否置于另一事物情况中作为条件，对此的判断是假言判断。对某个判断进行否定的判断称为负判断。

推理

推理在形式上，表现为判断与判断之间的联系，组成判断这种逻辑反映形式的是推出的未知的已知合乎规律。

1. 演绎推理

在亚里士多德传统的逻辑中，演绎推理："结论，可从叫作前提的已知事实，'必然地'得出的推理"。如果结论是真的，那前提必然也是真的。它们可以提前预测出高概率的结论，但结论不一定是真的。

演绎推理还可以叫三段论推理，由一个结论和两个前提组成，大前提是抽象得出一般性、统一性的成果，即一般原理（规律）；小前提是指从一般到个别的推理，从这个推理然后得出结论，指的是个别对象。演绎推理是从普通到特殊再回到个别，又叫从规律到现象的推理。

2. 归纳推理

对一个具有特殊性的前提进行推理论证，从而得出普遍性的结论，我们称之为归纳推理法。完全归纳法和不完全归纳法，简单枚举法和科学归纳法，求同法和求异法，以及共变法和剩余法等都是归纳推理的重要类型，其中以完全归纳推理和简单枚举法最为常见。

3. 类比推理

由一个具有特殊属性的对象，推理出另一个具有特殊属性的对象，或者是通过对一个特殊性的前提进行推理得出一个特殊性的结论，这就是类比推理法。

推理的三种基本类型

演绎推理

不法分子都害怕法律的制裁	➤ 大前提
杀人犯是不法分子	➤ 小前提
所以杀人犯害怕法律的制裁	➤ 结论

归纳推理

奴隶社会的文学有阶级性，封建社会的文学有阶级性，资本主义社会的文学有阶级性，所以阶级社会里，文学有阶级性。 ➤ 完全归纳推理

金导电，银导电，铜导电，铁导电，铝导电，所以一切金属都导电。 ➤ 简单枚举归纳推理

类比推理

前提：A＝B A有属性a、b、c、d；B有属性a、b、c。所以，B有属性d。

逻辑思考力：
从逻辑思考到解决问题的方法和技巧

逻辑思维的方法

比较和分类

1. 比较法

比较法即比较事物内部之间的共同点和差异点的思维模式。比较的方式有很多种，如从物质的外部面貌分类有数量、质量比较。从范围分类上又有结构、理论比较等。下面介绍三种主要的比较方法。

（1）横跨度比较法：即纵观事物在同一时期同一状态下的不同特点，进行比较对比的方法。可以是同性质事物之间的比较，如相同级别的中学之间评级。可以是不同种类事物之间按照某一参照物进行比较，如小学和中学每年开展活动的开支进行比较；可以是一个事物内部，不同元素的比较，比如一所高中学校的高三和高二班级进行男女生比例比较。

（2）纵跨度比较法：即纵观事物发展历史顺序，对应其不同特点进行比较。时间就是最好的标尺，不仅可以是不同时间的比较，还可以是同一时期不同阶段的比较。纵向比较法比较明显地揭示了事物发展的趋势，容易从其他的形态中区分出来。

（3）理想类型比较法：从具体独特的现象中抽取一些主要

三种基本的比较法

横跨度比较法

纵跨度比较法

理想类型比较法

逻辑思考力：
从逻辑思考到解决问题的方法和技巧

性质，舍弃其他性质而建立的典型或标本。

比较的过程就是理论实践的过程，验证假设的过程。如何进行正确的比较，就是要建立统一的标准。只有这样才能客观地认识事物。

在社会调查中，我们经常会用到比较法，它能帮助我们区分不同的对象，发现它们的变化和发展趋势。

2. 分类法

分类法是指将类或组按照相互间的关系，组成系统化的结构，体现为许多类目按照一定的原则和关系组织起来的体系表，作为分类工作的依据和工具。

既然是科学地分类，我们就必须遵循严谨的规则：

第一，要纵观全局，针对事物整体定出一个分类的标准。不能对子部分采取不同依据的分类。比如说，将中学生分为好学生、差学生，就是分类根据不同的大忌了。

第二，分类时子项不能大于或者小于母项，而且子项之总和必须等于母项，如若不然就会犯下"子项过多"或者"子项不全"的错误。

举个例子，要是我们把直系亲属分为父母、配偶、兄弟姊妹和子女四项的话，就会闹出子项过多的笑话，原因是兄弟姊妹在正常的情况下不属于直系亲属的子项。

第三，对于不同细节的内容是互不相干的。细节的分类标准不能替代或是干扰主线的分类标准。比如，把学生分为女同学和

分类中的禁忌

没从整体考虑分类标准

=中学生

子项大于母项　　　直系亲属

　　分类又可以分为现象分类和本质分类。现象分类是依据事物外部的特征或是事物显而易见的联系进行分类。比如，根据年龄分为老年和青年。

　　本质分类是依据事物关系本质特征或是内部联系的分类。按照人们收入不同，划分为不同阶层。

　　分类不单单是简单将事物分门别类，而是在原有的基础上起到总结、巩固提高的结果。它能够让复杂的事物简单化，能很清晰地标明事物的比例关系和事物的内部结构，有时候甚至能起到科学预见的效果。

男同学、班干部、小组长，就是犯了这样的错误。

第四，分类的标准应该是逐级把握的，不能跨级分类。如果跨级分类就会变得不伦不类了。

上面的例子举得简单，假如放到其他的分类中，不注意逐级分类的话，就会很容易造成分类的混乱。

简而言之，科学的分类必须要按以上的逻辑规则进行。

3. 分类与比较的关系

人类认识事物的第一步是把事物与其他事物之间不同点单独拿出来，把相同的进行归合统一，就可以区别其他的事物了。所以比较就成了前提，而分类就成了比较的结果。

人类认识事物的第二步，就是要把新兴事物划分到一个类别之后。这个过程要经过全面系统并且深入的比较，才能分析出不同类别事物的本质和特点。这时比较就是分类的结果。

分类与比较之间，既有差异，又存在一定的因果关系。

分析和综合

1. 分析法

分析就是把一件事情、一种现象、一个概念分成较简单的组成部分，找出这些部分的本质属性和彼此之间的关系。

分析方法作为一种科学方法由笛卡尔引入，源于希腊词"分散"。分析方法认为任何一个研究对象都是由不同的部分组成的，是一种机制。认识事物之初，我们不可能通过肉眼一下子就确定

解析大脑分析法

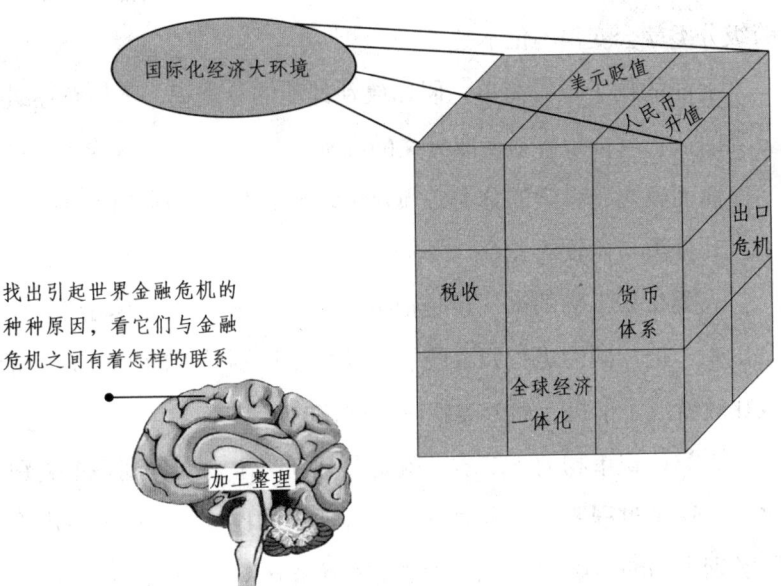

找出引起世界金融危机的种种原因，看它们与金融危机之间有着怎样的联系

这里，给大家介绍一种行之有效的分析法——层次分析法。它的基本思路与人对一个复杂的决策问题的思维、判断过程大体上是一样的。在此列举这样一个图表：

某顾客选购电视机时，对市场正在出售的四种电视机考虑了八项准则作为评估依据，建立层次分析表格如下：

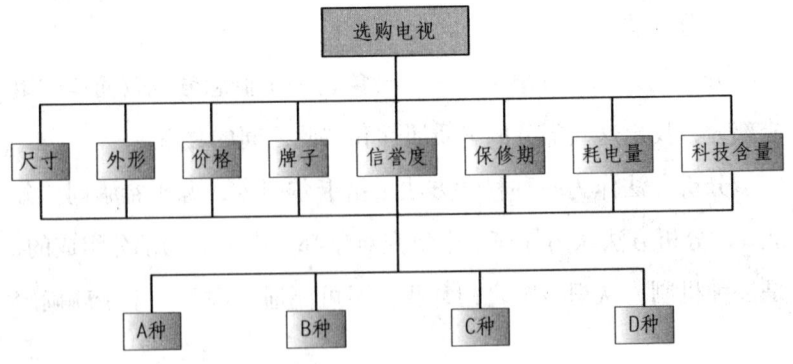

逻辑思考力：
从逻辑思考到解决问题的方法和技巧

事物的本质。

　　什么是事物的本质？就是在我们把事物从整体分解到各个单元部分进行分门别类的分析研究，研究的结果并不是只是简单的分析，而是通过分析找到其各个单元之间的关联，从而才能更好地说明各个单元最基本的元素是什么。那么，认识本质可以简单地称之为找出事物内部联系的一种方法，也就是分析矛盾。

　　万物在组成的过程中都具有矛盾，事物自身所包含的既相互排斥又相互依存、既对立又统一的关系。如何抓住事物的这种特殊属性，就要通过分析。

　　一般来说，分析的步骤有以下三步：

　　（1）就是把研究对象看作一个整体，并且分解成各个单元部分。

　　（2）对各个单元部分进行分析。

　　（3）对各个单元部分在整体里所起的作用进行分析，并且找到关联性。

　　分析的方法在不同的学科中都有其规范，现在我们就介绍四种最常见的分析法：

　　（1）根据属性进行分析。即对研究对象进行"质"的方面的分析。具体地说是运用归纳和演绎、分析与综合及抽象与概括等方法，对获得的各种材料进行思维加工，从而能去粗取精、去伪存真、由此及彼、由表及里，达到认识事物本质、揭示内在规律。

　　（2）根据数量进行分析。现象的数量特征、数量关系与数量变化的分析。定量分析作为一种古已有之，但是没有被准确定位的思维方式，其优势相对于定性分析是很明显的，它把事物定义在人类能理解的范围，由量而定性。

（3）因果分析。任何结果由一定的原因引起，一定的原因产生一定的结果。因果分析是根据事物之间的因果联系，通过分析事理，揭示事物本质，事物之间的因果关系，来证明事物发展趋势的一种论证方法。

（4）系统分析。它是从系统需求入手，从单元观点出发建立系统模型。系统模型从概念上全方位表达系统需求及系统与单元的相互关系。系统分析在单元模型的基础上，建立适应性强的独立于系统实现环境的逻辑结构。

2. 综合法

把分析过的对象或现象的各个部分、各个属性联合成一个统一的整体，跟"分析"是相对的。

综合法并不是简单地把各个单元部分进行简单的拼接组合，而是通过纵观整体的每一个部分之后对本质、因素之间的联结。通过各个内部之间的联系，从整体上去综合事物内部联系的一种方法。

其要求是通过整体掌握事物单元部分的各个属性，在此基础之上，联系单元部分加以补充概括，再现事物整体。

比如，哺乳类动物是主要的动物组成部分，人们将其分为原兽亚纲和兽亚纲，通过恒温习性等多个元素分门别类地研究。

解析大脑中的"综合法"

综合法示意图

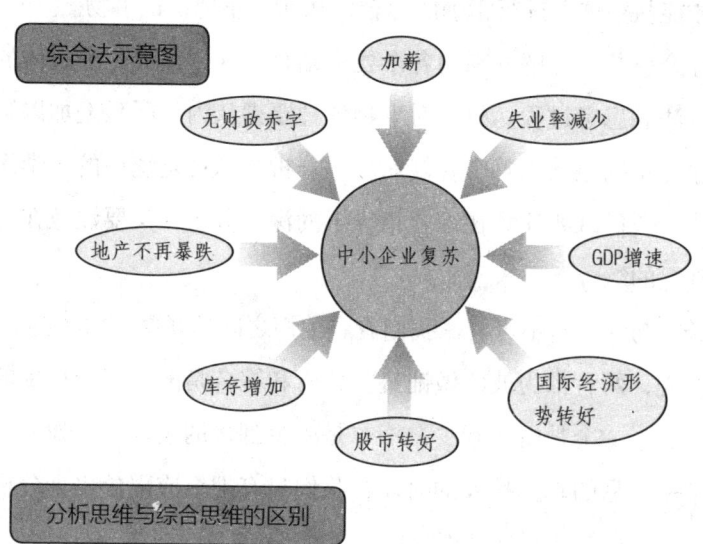

分析思维与综合思维的区别

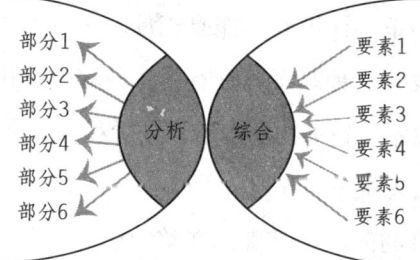

分析思维与综合思维的最大区别是：分析是将一个整体分解成部分，而综合思维则是将所有的要素组合成一个整体。

3. 分析与综合的关系

我们先来认识分析和综合的区别。

分析就是把事物的整体或过程分解为各个要素，分别加以研究的一种思维方法和思维过程。只有对各要素首先做出周密的分析，才能从整体上进行正确的综合，从而真正地认识事物。

综合就是把分解开来的各个要素结合起来，组成一个整体的思维方法和思考过程。只有对事物各种要素从内在联系上加以综合，才能正确地认识整个客观对象。分析与综合是统一的科学思维方法，我们既要注意在综合指导下的深入分析，又要注意在分析基础上的综合。

分析与综合密不可分，我们看看他们之间的联系。

首先，两者都为彼此做铺垫。分析和综合是两个完全相反的思维方法。一个是由多到少，一个是由少到多的过程。比如，在认识某一药品的真正疗效的时候，我们只有把组成部分逐个分析之后，才能最终认识到其理疗作用。

其实这样简单的认识并不能真正反映事物的本质，只能是一个侧面或者仅仅是一种联系。唯有再次或多次运用分析和综合思维，才能透过现象看到事物的本质。分析和综合是二者互相依存、不能分割的两个思维方法。

分析是综合的前提和基础。在整个思维论证的过程也同样适用。随着事物的发展，我们不得不通过实践验证事物的正确性，也就是一个不断综合、不断分析的过程。所以，综合为分析打下基础，分析又为综合来做论证。

其次，二者又是相互统一相互辅佐的。任何事物在发展的过程中，都会经过分析综合这样一个步骤得以存在。在人类认识事

逻辑思考力：
从逻辑思考到解决问题的方法和技巧

分析与综合之间密不可分的联系

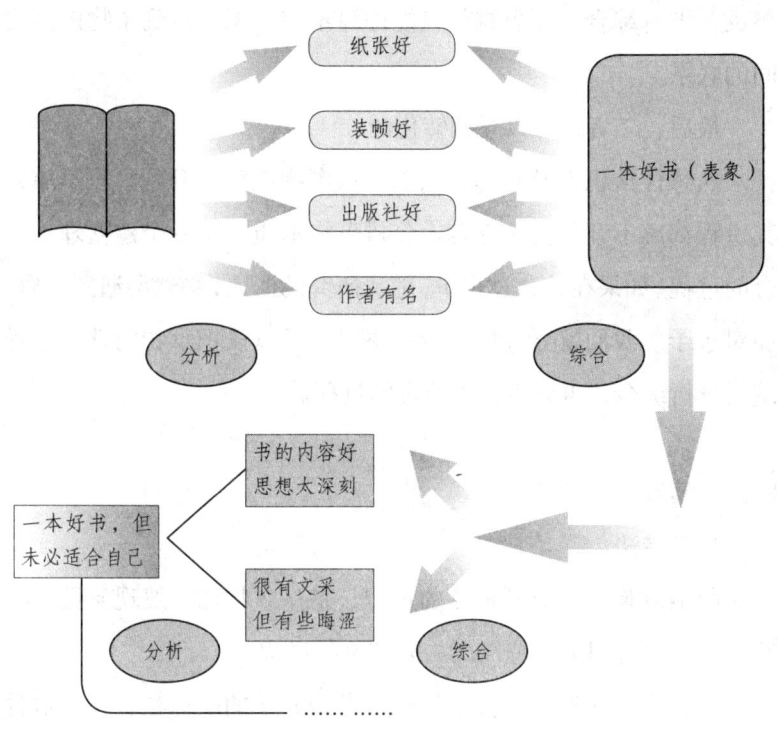

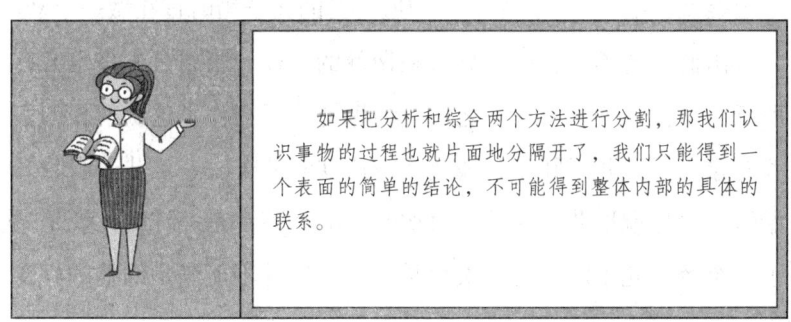

如果把分析和综合两个方法进行分割，那我们认识事物的过程也就片面地分隔开了，我们只能得到一个表面的简单的结论，不可能得到整体内部的具体的联系。

物中，不能只停留于表象，抑或只是知道总结论而不加以发展。

换句话说，没有分析，任何意义上的综合都不能称之为综合。想反，没有综合，那思维就只能停滞不前，无法得到事物内部之间的联系。

最后，二者是可以互相转化的。

从感性认识上升到理性认识，从事物现象上升到事物本质，其过程都离不开分析和综合。分析事物本质就是一个建立理论综合的过程。如果在综合过程中，随着研究的深入，必然会遇到矛盾，而对于矛盾我们就要分析进行解决了。所以认识事物的整个过程就是分析综合，再分析，再综合的过程。

归纳和演绎

1. 归纳法

归纳就是从细节到整体的过程，是从事物的一般现象经过实践的印证进行归纳，总结出一般结论的过程。

有一次约翰看到儿子在睡觉，发现儿子的眼球在转动，他觉得很疑惑，便把儿子推醒，才知道自己的儿子当时正在做一个梦。

由此，约翰大胆的猜想人在做梦的时候，眼睛是不是也会有所反应？比如说转眼珠。之后，约翰把儿子当作了这次猜想的实验对象，只要儿子睡觉，他就在身边观看儿子。一旦儿子眼睛开始转动，他就把儿子叫醒，每次儿子的回答都是一样的，说是做了一个梦。儿子的回答每次都是一样，这并不能满足约翰的好奇

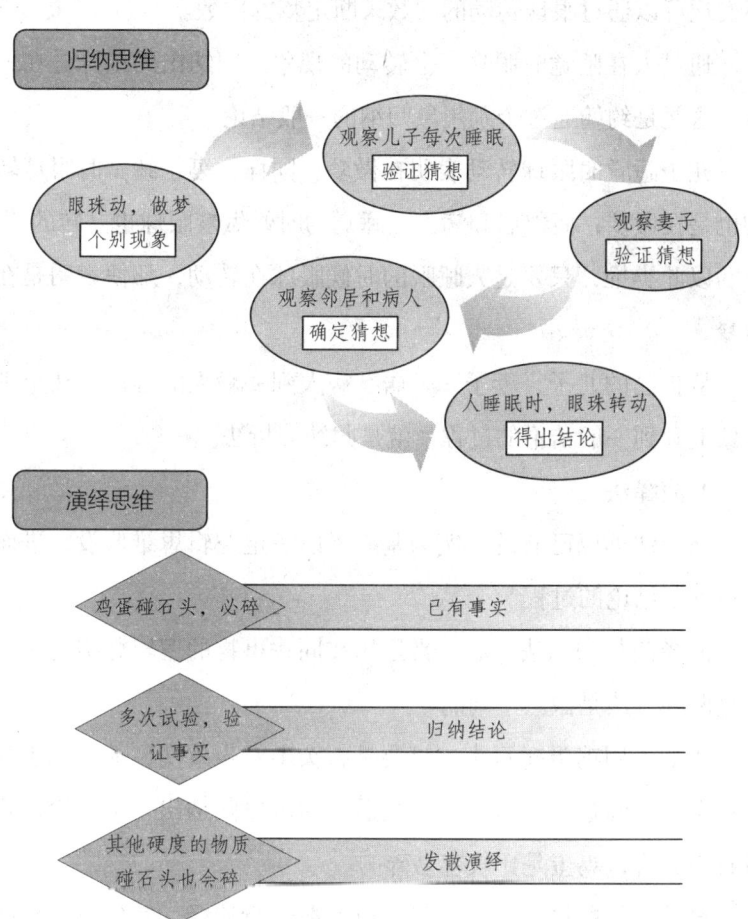

归纳与演绎的思维过程

归纳思维

观察儿子每次睡眠
验证猜想

眼珠动，做梦
个别现象

观察妻子
验证猜想

观察邻居和病人
确定猜想

人睡眠时，眼珠转动
得出结论

演绎思维

鸡蛋碰石头，必碎 —— 已有事实

多次试验，验证事实 —— 归纳结论

其他硬度的物质碰石头也会碎 —— 发散演绎

心，于是他开始把观察对象发展到了妻子、自己的病人。在多次这样的情况出现并且答案也一样之后，约翰写了篇论文，并指出了他的发现。

不久，他的这个论点就引起了其他科学家的兴趣，之后人们还发现可以通过眼珠转动的次数来断定梦的次数。

通过人在睡觉时眼珠子会转动的现象，归纳出的结论是在做梦，这便是约翰通过个别想象归纳的一般结论。

儿子睡觉时眼球转动表明在做梦；同样，妻子睡觉时眼球转动也是在做梦；而邻居和病人在睡觉的时候做梦眼球也是转的。

以此类推，只要是人睡眠的时候眼球在转动，那便表明是在做梦。

从自己的儿子、妻子、邻居、病人到一般人的推论，从个别现象上升到一般结论的过程，就是归纳分析法。

2. 演绎法

演绎法即以已有的事实为基础，以一定逻辑思维假设，进而进行推断结论的过程。

演绎法与归纳法一起经常运用在同一事物的逻辑思维之中，但是两种方法是截然不同的。

比如，用鸡蛋碰石头，只要是石头不发生改变，那么鸡蛋就一定会碎。经过多次这样实验之后，你可以归纳出一个结论，相对石头而言，鸡蛋是比较容易碎的。

再从归纳的结论出发，你可以发散进行演绎，其他不同硬度的物质碰撞在石头上也会碎掉，比如说玻璃。

值得我们注意的是，我们在推论的过程中，要保持严谨性，否则很容易推论错误。所以我们必须正确地运用自己的逻辑思维，并且审查自己的推理结果。

注意以下方面可以避免出现错误的推论。

（1）提出问题。在整个思维过程的开端，也就是最难的部分，我们会发现提出的问题往往经不起推敲，我们很轻易就能把它推翻。这就需要我们不断地问自己，我们准备发现什么样的问题？不要过多思索怎样去解决，只要想我们要发现什么就好了。

（2）分析情况。确定问题之后，第一个要做的就是从中找出更多的因素来牵扯你的问题。在分析现状的整个过程中，你要尽量地找到很多的相关信息资料。这样有助于你之后分析资料进行总结思考。

一般思考问题有以下几种途径：

谁能帮你解决问题？

在哪个地方你可以解决问题？

你做了多少数量的工作来解决问题？

你找的资料是否可以帮助你？

你手头上已经有哪些资料可以利用了？

能否去伪存真？

以上这些问题很有可能让你发现你在处理问题的时候，有些意见或是观点是错误的，甚至是危险的。所以我们先接受那些所谓的事实，或者说正确的假说。

对你找来的那些资料，你也要去验证。比如你看到一本书的时候，你也会提出这些问题：

演绎过程严谨，结论才正确

事实：多个地区的某品牌饮料瓶中，发现注射针，引起该品牌饮料销售量下跌。

①饮料瓶中怎么会有注射针？
②如果真有人这么做，后果会是什么？
③有谁愿意这么做吗？
④编造这个谣言的人背后的动机又是什么？
……

发现问题

①肯定是人为放进去的。
②他将受到法律严惩。
③没有人愿意，因此这是个谣言。
④可能与公司有过节，可能是竞争对手，肯定是蓄意搞破坏。
……

分析问题

归纳和演绎的关系

演绎和归纳互相补充。

归纳的局限性就是只能针对一件事物的某一结论，而不能发散到其他的事物中去。而演绎只能从出发点到其他的结论中，但并不能保证出发点是正确的。

两种思维方法可以互相转化。

从个别到一般的时候，就是归纳；从一般到个别的时候就是演绎。不管是哪个思维方法作为主体，都是以另外一个思维方法为前提的。

这本书的作者出于什么样的目的来写这本书？

是不是最权威的？

这本书和作者有没有利害关系？

是不是有办法可以推翻作者的论点？

作者的论点和常识是否相符？

在我们接受任何人的论点的时候，都要试着寻找其背后的动机和目的。不要轻易地接受论点的正确性和煽动性。要知道你认同的不一定就是正确的。

即使受到周围的干扰，你都要十分小心谨慎地进行判断，当遇到不合理的时候，就要进行下一步的调查。

当我们需要别人帮忙时，要记住不要让对方告诉你答案，试着让对方告诉你是或不是，而不是直接告诉你如何去做，这样会阻碍你的思维。

抽象和具体

在现实生活中，当我们在认识事物发展的过程中，一般包括两个层次。

第一个是具体的感性。简单说，就是我们在认识事物之初，往往出发点都是表象，通过表象发现许多属性和规定性。

第二个就是具体的思维。在我们认识过表象之后，我们要用逻辑的思维来发现之后的事情，比如普遍联系，从感性上升到理性思维（具体思维）。

唯物主义认为认识事物的过程是从感性上升到理性，这个过程也就是感性具体到思维抽象，又从思维抽象上升到思维具体。抽象就是把研究对象单独提出来，进行研究和判断，从中找到普遍联系的过程。

这一过程又可以分为两步：一是从现实到抽象；二是从抽象到具体。认识只有从实践开始，才可能获得感性具体的认识。

认识的过程就是从感性认识到理性认识。

在这个过程中，通过认识去除了感性的具体，掌握了事物的本质和规律。既要区分必然属性和偶然属性，还要把初步认识中的整体分解成细小的个体，并对其进行一系列的定义、判断和推断。

无论是认为逻辑思维比感性认识更加客观反映事物，还是认为简单地对事物各个组成部分进行考察，最终还是显得片面，不能得到具体完整的认识，因此必须搞清楚内部联系，才能使认识比较具体。因此，在认识的过程中，抽象和具体可以表现为思维具体和思维抽象的差别，也可以表现为感情和思维的对立。

具体和抽象的辩证关系就是互相依存、互相转化的，不能孤立地单独存在。只有感性具体，这样的认识只能是肤浅的、表面的。反之，只有抽象思维而没有抽象具体，认识就是片面的、简单的。

抽象可分为已实践和未实践两种。

未经实践的抽象属于萌芽期，已实践的就是已经验证、发展过的抽象。比如从物物交换到钱币流通，再到剩余价值就是未实践的抽象不断变成已实践的过程。

逻辑思考力：
从逻辑思考到解决问题的方法和技巧

无逻辑，不生活

逻辑思考力让生活变聪明

逻辑思维是一种力量

逻辑是一种力量，更是一门绝技、一件法宝、一种武器。

当年的普林斯顿大学，曾有一个男孩深深地爱着一个女孩。但是这个男孩不知道怎么向对方表白。一天，他终于想到了一个好方法去接近女孩，他对那个女孩说："你好，我将会在纸上写上一句关于你的话，你看完如果觉得我说得对，那么请你送给我一张你的照片可以吗？"

女孩很快就想到这是一个追自己的男孩向自己要照片，她就想：不管这个男孩写什么，自己都说不是事实，不就可以拒绝他了吗？

于是，女孩爽快地答应了这个男孩的要求，结果当她看见男孩写的字时却怎么也拒绝不了，只好把自己的照片交给了那个男孩。那个男孩写了什么呢？其实很简单，他写的也不过是一句极其简单的话："你不会吻我，也不想把你的照片送给我。"这个女孩最终成了他的妻子，而这个男孩就是后来美国著名的逻辑学家——罗纳德·斯穆里安。

逻辑思维可以让人收获爱情，逻辑思维可以给人带来智慧，这就是逻辑思维的力量所在。

逻辑思考力：
从逻辑思考到解决问题的方法和技巧

逻辑思维给人智慧

　　美国著名的大法官马歇尔就曾运用逻辑思维在"马伯里诉麦迪逊案"中化解了一场宪政危机。

　　1801年，以马伯里为首的几位联邦主义者将当时的共和主义者国务卿麦迪逊告上联邦最高法院，原因是他们没有得到法官的委任状，他们请求联邦最高法院根据1789年的《司法法》第13条规定，责成麦迪逊将委任状发到马伯里等人手里。

　　马伯里告的是新国务卿没有按照老国务卿留下的任命执行，而老国务卿正巧就是这件案子的大法官，在200年前的美国，承办这件案子的大法官并没有回避此案。

　　马歇尔偏向于马伯里，当然，他更明白如果他真的那么做，可能就会导致一场宪法的危机。因为，麦迪逊乃至杰弗逊总统很有可能会不予理睬他的判决。

　　面临两难选择，他最终采用了他计划好的第三条路：

　　第一，中诉人马伯里是否有权要求颁发委任状？对此，马歇尔的回答是肯定的。他认为，当总统签发了委任状时，即意味着做出了任命。经国务卿在委任状上加盖政府机关的正式印章，委任即告完成。因此，扣留委任状的行为是对法官权利的侵犯。

　　第二，如果马伯里有这个权利，而且其权利已遭到了侵犯，那么，法律是否应当为其提供救济手段？马歇尔说："公民自由

谁点了牛排

　　四个好朋友前往一家西餐厅用餐，他们选了个圆桌，依A、B、C、D的顺序坐下，并在看过菜单之后，彼此接续点了主菜、汤及饮料。

　　在主菜方面，李先生点了一份鸡排，连先生点了一份羊排，而坐在B的人则点了一份猪排。点汤方面，萧先生及坐在B的人都点了玉米浓汤，李先生点了洋葱汤，另一人则点了罗宋汤。至于饮料方面，萧先生点了热红茶，李先生和连先生点了冰咖啡，而另一个人则点了果汁。

　　当大家点完之后，才发现邻座的人都点了不一样的东西。如果李先生是坐在A的位置，试问，坐在哪里的先生点了牛排？

答案：坐在"D"的萧先生点了牛排。

权的真正本质在于：每个人在其受到侵害时，都有权要求法律给予保护。政府的一个首要职责就是提供这种保护"。所以，马伯里有权得到任命，拒绝颁发委任状的行为是对这种权利的公然侵害。对此，国家的法律应当为他提供这种救济。

第三，如果法律确实应当为他提供救济手段，这种救济手段是否就是指法院为他下达颁发委任状的命令？

马歇尔的精明之处就在于他并没有急于回答这个问题。而是说要取决于两个方面：一是他申请的委任状是什么性质；二是法院的权利。

马伯里的依据就是《1789 年司法法》第 13 条的规定向最高法院提出的请求。里面规定："最高法院有权在法律原则和法律惯例许可的案件中，对以合众国名义任命的法院或公职人员发布委任状"。

马歇尔说，如果按照规定向总统发出了强制令，则违反了美国《宪法》的上述规定。他其实就是在说，就是如果按照第 13 条规定颁布强制令，就是在涉嫌违宪。

最后，马歇尔提出了一个相当有价值的宪法问题：一部违宪的国会立法是否能成为国家的法律？他还说："立法机关制定的法律若与《宪法》冲突则无效。"那么，认定什么是法律，什么是违宪的法律权力都属于司法机关。

1803 年 2 月 24 日，马歇尔宣布了他的判决书：1789 年《司法法》是违宪的、无效的、不能适用于本案，因而驳回了马伯里的请求。

马歇尔输了本案，但是他却因其独到的逻辑思维，影响了美国的法律。

合理思考要遵循的逻辑规律

同一律

一个工程队承包了一个建筑工程，并与客户签订协议。协议中写道："土建部分的砖、瓦、水泥、石灰等由业主负责提供……"施工开始后，工人各就各位，砖、瓦、水泥、石灰也都全部运到，唯独没有沙子和卵石，立刻去找了业主，可是人家说，他们是按照协议办事的。后来包工头回来仔细观看协议，原来问题出现在一个"等"字上。"等"按照现代汉语词典的解释有三：其一，"等"是助词，而助词是意义最不实在的虚词；第二种解释是"表示列举未尽"；还有一种解释是"列举后煞尾"。

显然双方是在签署协议时对这个等字的用意理解不同，承包商想表示的自然应该是"列举未尽"，而业主却理解成了"列举后煞尾"。

故事中双方矛盾的原因就是在签署合同时违背了同一律，以至于最后出现了问题。

同一律在形式逻辑书籍上的定义为：在同一思维过程中每一思想必须与其自身保持同一。应该注意"同一思维"和"保持同一"这两个关键词。我们可以把它理解为相同场合、相同对象、相同

同一律的背离

有一个地方的方言把"他"说成"几"。有次两个人打架,有人问为什么打架。

> 几骂几,几打几,你广广(说说),几有不有道理。

大家听了,一头雾水,不知所云。那个讲述的女孩把概念全给混淆了。

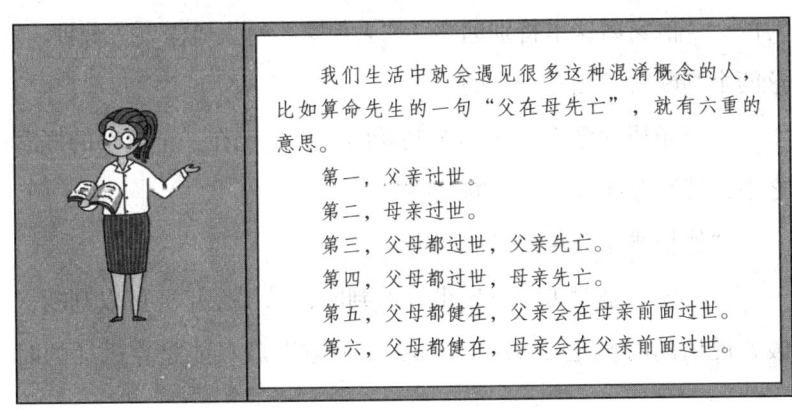

我们生活中就会遇见很多这种混淆概念的人,比如算命先生的一句"父在母先亡",就有六重的意思。

第一,父亲过世。

第二,母亲过世。

第三,父母都过世,父亲先亡。

第四,父母都过世,母亲先亡。

第五,父母都健在,父亲会在母亲前面过世。

第六,父母都健在,母亲会在父亲前面过世。

时间。

就刚才的故事而言，你可以在协议中采用"列举后煞尾"来解释"等"，在另一个协议中你就可以用"列举未尽"的解释。但是在同一协议中就不能采取不同的解释。

保持同一不能忽而这个，忽而那个，思维必须确定，否则就会出现上述故事中的矛盾。

人们在论断过程中思维对象要确定，概念要保持同一，不得随意变换，就是逻辑规则中的同一律，除此之外别无其他含义。

不矛盾律

不矛盾律是思维必须遵循的第二个规律。

在同一思维过程中两个互相反对或互相矛盾的判断至少有一个是假的，肯定不能同时为真。相互矛盾和相互反对的判断又是如何定义的呢？

"这是西瓜。""这不是西瓜。"这两个判断就算是相互反对的。"他家离这里特别远。""去他家步行大概需要三分钟。"这两个判断就是相互矛盾的。

逻辑矛盾通常存在于两个判断间，有时也在一个复杂的概念之中，甚至存在于一个判断之中。

"他将要在今年元旦前回家。"

"将要"是对未来发生事件的判断，从"今年"可以判断，假如说话的时候是 2007 年，那么"回家"就只能是在说话的时

思维中的矛盾

从商贩的话中，我们看到他的两个破绽：我的矛是能够刺破我的盾的；我的盾是不能够防御我的矛的。他的话是不能同时成立的，违背了逻辑思维中的不矛盾律。

开心一刻：哑巴吃黄连

一次在联合国大会上，英国工党的某位外交官同苏联外交部部长莫洛托夫发生争辩。辩到理屈词穷时，他忽然想起莫洛托夫出身贵族，于是像抓到了救命稻草搬重新发起攻势："莫洛托夫先生，你是贵族出身，而我家祖祖辈辈都是矿工，我们两个究竟谁能代表工人阶级呢？"善于随机应变的莫洛托夫不动声色地说："你说得对，我出身贵族，而你出身工人。不过……"

莫洛托夫的回答让这位外交官如哑巴吃黄连一样，有苦说不出。你知道他是怎么回答的吗？

答案："我们两个都当了叛徒。"

日之后发生。但是"今年元旦前"他回家是发生在 2007 年的，但是 2007 年已经过去，就不应该存在"将要"这个词。同一件事一会过去，一会又是"将要"，违背了不矛盾律，谁也不明白他在说什么。

"那个女孩的项链坠饰是一颗绿色的红宝石。"

红宝石的限制词是绿色，是宝石属性的定语。因为绿色和红色是并列的概念，所以绿色修饰红色是不对的。如果把限制词"绿色"换成"深红色"，这个概念就没有缺陷了。原因是主概念和限制词不能同时并存。

汤姆问杰克："你可以保守秘密吗？"

杰克说："我当然可以啦，但我的朋友们都很不靠谱。"

杰克的回答包含两部分。

这个笑话的前半句正面回答问题，说自己擅长保密；而后半句则间接的透露他不擅长保守秘密，因为他把秘密都告诉朋友了。显然，杰克的话前后矛盾。

必须要注意的是，"在同一思维过程中"这八个字是不矛盾律的定义中既定的条件。

这里还有个"自相矛盾"的故事。

一个商贩，经营两家分别卖矛和卖盾的店铺。然后在两家店铺里大肆吹嘘商品，宣称自己卖的矛无坚不摧，自己卖的盾无坚可摧。

事实上，两条广告都是成立的，因为逻辑上而言两者都为真。

但是以其中一个条件为真，则另一个就不能成立了，这从逻辑上来说又是不成立的。

甚至伟人的话语中也会出现相互矛盾的命题。如毛主席曾说：帝国主义和一切反动派……它们是真老虎又是纸老虎。

如果目光只放在"真老虎"和"纸老虎"上，命题似乎是自相矛盾的。但是毛主席的话有前后语境，他是从不同的角度揭露帝国主义和一切反动派的特征：从战争实力的角度看，帝国主义和一切反动派都是真老虎，会吃人；而从战略角度看，帝国主义和一切反动派其实是纸老虎，因为它们必将被人民消灭。

我们切记不要混淆逻辑矛盾和辩证矛盾的概念，它们是完全不同的。现实生活和逻辑中的"真"不尽相同，"假"也有一定区别。例如，有人说"这是个假证件"。如果这个证件的确是假的，那么这个人的逻辑判断就为"真"。

排中律

我们需要遵守的第三个思维规律叫作"排中律"。

所谓排中律是指：同时间同条件下，对同一个对象做出的两个逻辑判断如果互相矛盾，那么不可能二者同时为假，其中必定有一真。如果确定一个为真，那么另一个肯定为假，不存在中间状态。

简单而言，这种问题非黑即白，二者必选其一，要有坚定的立场和明确的态度。判断时，在两个互相矛盾的命题中要明确判

非此即彼的排中律

女孩所否定的两个命题是"男孩必然中奖"和"男孩不可能中奖(= 男孩必然不中奖)"。这两个命题互相反对，并不互相矛盾，对此同时否定不违反排中律。

某学生宿舍失窃，警察问其中的一位男生："你以后是否不再偷东西了？"

对特殊问语的回答，不能简单套用排中律。表面上看，"我以后不再偷东西"和"我以后继续偷东西"是两个互相矛盾的命题，根据排中律必须肯定其中的一个，但肯定其中任何一个命题都是不恰当的，如果被问者并没有偷过东西的话。

逻辑思考力：
从逻辑思考到解决问题的方法和技巧

断其中一个是"真"，而另一个是"假"。不能两者都肯定，也不能两者全否定。

举一个鬼魂论的例子。

A称世上肯定无鬼，B称世上肯定有鬼，C称信则有不信则无。

A和B的逻辑没有错误，但C既否定了A又否定了B，并且将有无鬼魂的讨论转换成了是否相信鬼魂存在的讨论。

"不置可否"也是明显违背排中律的。

排中律只适合自相矛盾的判断。它要求两个判断中必须有一个为真，即二者不能都为假。对两个互相反对的命题同时都否定，不违反排中律。例如："我不认为所有的人都是自私的，我也不认为所有的人都不是自私的。"这段议论不违反排中律，因为它所否定的两个命题是同一素材的全称肯定命题和全称否定命题，它们之间是互相反对关系。

充足理由律

充足理由律的提法源于17世纪末、18世纪初的德国哲学家莱布尼茨。他在《单子论》中说："任何一件事如果是真实的或实在的，任何一个陈述如果是真的，就必须有一个为什么这样而不那样的充足理由，虽然这些理由常常总是不能为我们所知道的。"不过，莱布尼茨本人并未把充足理由原则当作逻辑规律。

充足理由律其定义为：任何一个合乎真理性的论断都应当是有充分根据的。理由必须真实，必须有理由，理由与论证之间存在必然联系是充足理由律的逻辑要求。以下表现都是违背充足理由律：

第一，毫无根据和武断的瞎说；

第二，虚假的理由；

第三，理由是真的，但是并不能从理由之中得到结果，就是理由和结论之间根本没有什么关系。

有个成语叫"痴人说梦"。

戚某幼耽读而性痴，一日早起，谓婢某曰：尔昨夜梦见我否？答曰：未。大斥曰：我梦中分明见你，何以赖？去往诉母曰：痴婢该打，昨夜我梦见她，她坚决说未梦见我，岂有此理耶？

这个姓戚的痴儿就不能从所述理由推出如此结果，与违背充分理由律的第三种表现不符。戚某虽然梦见了婢女，但并不表示这个婢女当晚也梦见了戚某，他还说别人荒唐该打，其实他自己才是真正的该打之人。

1987夏天，大兴安岭发生特大森林火灾，而恰巧费翔当年在春节晚会上唱了一首《冬天里的一把火》，于是有人就信口胡说，说大兴安岭的火灾是费翔唱歌唱出来的。这显然是毫无根据的谬论。唱歌和火灾根本就没有一点关系，这就属于武断和毫无根据的瞎说。

思维的四个规律告诉我们如何思考，如何将自己的思想有效地表达出来。但是它毕竟是一种方法，是一种工具，解决问题的时候还是要依据我们自身的知识水平和经验储备。

要拿出充足的理由来论断

不许你侮辱我喜欢的影片！它们之间又没有什么关系！

Q市闹水灾了，据说是因为《2012》这部影片惹的祸！

违背充分理由律

　　充足理由律的公式是："A真，因为B真，并且B能推出A。"公式中的"A"代表真判断。"B"代表用来确定"A"真的判断，称为理由。上述公式的意思是说，在论证过程中，一个判断之所以能被确定为真，一定还存在着另一个（或一组）判断"B"，并且从"B"真可以推出"A"真。如果"B"真，并且从"B"真推出"A"真，那么我们认为"B"是"A"的充足理由。

合理与合乎逻辑

合理不一定就合乎逻辑

逻辑有两种主要类型：一类是客观逻辑，也就是遵循客观自然世界里的"道理"；第二类是主观逻辑，也就是遵循主观思维世界里的"道理"。

客观逻辑与主观逻辑的"道理"存在相交的部分，因为作为自然世界的成员，人类也是自然进化的产物，而主观思维正是在人脑物质基础之上建立的。

逻辑在一定程度上体现了"道理"规则。人们把自己认为合理的事物、行为、过程和结论当作有逻辑的东西，如果自己认为不合理，那么就是非逻辑的。但是，应该由谁来制定这个"道理"规则呢？以前的人们认为"道理"规则的制定者是天神和造物主，而现代人则认为"道理"规则体现的是自然规律和客观事实，并非某个"制定者"的作品。

人们认识"道理"规则的过程是渐进的、发展的。如果科学的进步使自然进化不可能出现的物种诞生（比如狮身人面、人头马身的怪物等），那么人们就需要摒弃旧的客观逻辑规则，并且为其证明其存在的合理性，从而去创造新的高级的逻辑法则。在

合乎逻辑的未必合理，合理的未必合乎逻辑

如果你听到了"白马非马"的理论，肯定会运用思维活动判断其不合逻辑，因为在正常的主观感知系统中，白马肯定首先是一种马，而"白马非马"违背了人们对名称"道理"系统的定义。

想一想

有个人见死不救，当人们责备他时，他却振振有词地说："我的生命价值比他高，为救人而死不符合我的利益。"当有人说："这种处世哲学还怎么有脸见人呢？"时，这个人又振振有词地说："你以为人死了反倒可以见人了吗？"

这个人是利用了什么进行诡辩的？

人类的力量有限时，主观逻辑必须遵循客观逻辑的规律。而一旦人类掌握的科技水平达到一定程度，就成了万物"道理"规则的制定者，客观逻辑也要开始追随人类主观逻辑而改变。

在宏观的角度来看，逻辑体系是一个不可分割的庞杂的网络体系，由宇宙万物的"道理"规则构成。网络上的每个节点都体现了一种事物的本质，每一条连线都是界定或限制事物本质的"道理"规则，且每一个节点均受到周遭节点和连线的制约。

打破常规思维，升级解决问题的能力

从日常思维到逻辑思维

逻辑思维和经验思维充斥着我们的日常生活。逻辑思维属于推导式的思维，通常是由某对象幻化而成的外部世界，将更多的关注点放在了主宰人命运的其他对象上。在这种视角上，人们一般都是通过表象或者某些自然现象做出解释。

经验思维则是一种熟能生巧的结果，所谓的经验之谈。人们把那些能够感知到的事物自发地、直观地转化为一种思维形式。经验思维就是人们将经验内化的一个结果。

人到底是不是万物的尺度？苏格拉底认为这具有不确定性。人本身就是不确定的、特殊的，人要认识自己，前提是人是作为思维的人。他进而指出，不同的思维对象决定我们使用怎样的思维方法。苏格拉底的学生柏拉图继承了这一点，开创性地对由具体思维对象形成的概念进行研究，将思维本身所具有的抽象导向为抽象性的思维。

归类法、分类法、假设法、证实法、反驳法等一系列的逻辑方法，都被他运用到哲学、伦理学的论证当中。

针对日常思维的弊端，亚里士多德及其后来者将它概括和抽

日常思维中的逻辑小把戏

某报：男孩身高一米九，半米水深溺水亡

溺死了！！！

媒体为吸引读者眼球，常玩些错误的逻辑把戏。据村民反映，平均水深半米，但局部区域水深四五米。所以，身高1.9米的人淹死在水深处，没有什么稀奇的。然而，媒体却运用逻辑上的小错误来使新闻引人耳目。

三个臭皮匠

诸葛亮

"三个臭皮匠，赛过一个诸葛亮"，这是经验思维的具体体现，但不一定合乎逻辑。一个傻子加一个傻子，再加一个傻子，依然是傻子。这个群体依然不具备诸葛亮的个体智慧。

象，形成了具有普遍性、实践性指导意义的逻辑思维方法系统，它包括命题、词项、规律、推理、假说、证明和反驳等。

推理理论是其中很重要的一个内容，为寻找诡辩中的纰漏之处，从对谬论的批判中获得真知灼见提供证明，是这个理论的核心。

通过对现有信息进行初步的符号化，并组织成一个严密的系统，推理和论证的有效性得到了一定程度的保证。以辩论实践为基础的，通过科学实践证明的这种抽象意识具有普遍意义，不仅包含各种复杂思维千变万化的特点，而且会形成日常思维，至于结构和方式，从亚里士多德的反复论述中可窥一斑。

逻辑思维超越日常思维

日常思维是逻辑方法的源泉。有效的抽象和概括是超越日常思维经验得出非正常思维结构的基本条件。逻辑思维最终又渗入日常思维，具备一般性的指导意义，让我们的生活实践闪耀智慧之光。

在形成和发展过程中，逻辑思维方法种类增多。其中包括被培根用于发现科学、探索新知的归纳逻辑法，数学方法也被莱布尼茨运用到逻辑学中，数学演绎和逻辑推理的有机结合建筑了人工语言的重要地位。

站在巨人的肩膀上，现代逻辑学家们又开始了一番新探索。

符号逻辑的创造者是英国数学家德·摩根，他在传统逻辑基

逻辑思维源于日常思维，而又高于日常思维

 如果大米涨价的话，食用油也要涨价了！

 如果食用油涨价的话，鸡蛋也会涨价了！

 如果鸡蛋涨价的话，牛奶也要涨价了！

事实上，这三个家庭主妇说的都是正确的，但这四种商品中只有两种涨价了，你知道是哪两种吗？

逻辑思维过程 ▶

假设大米涨价了，那么以此类推，其余三种商品都得涨价；假设食用油涨价了，那么可以推出鸡蛋、牛奶也会涨价。显然这两种假设都不成立。用排除法可得知是鸡蛋和牛奶涨价了。

树顶上的毒品

在打击贩毒分子的活动中，警方一举歼灭了一个犯罪团伙，在罪犯的口袋中，警方搜到一张纸条，上写，"×日下午3点，货在×区云杉树顶。"警方迅速赶到现场查看，发现这棵树并不高，而且货物明显不在树顶。于是他们重新认真推敲那句话的意思，最后终于在正确的位置将货物取出。请问警方是如何发现的？

答案：货物埋藏在下午3点时云杉树顶在地面的投影处。

础上，融入代数方法，用逻辑代数攻克了传统逻辑中的许多难题。

德国数学家弗雷格引进了量词理论，构建了一阶谓词公理演算系统，一种表意符号语言"概念语言"也是他的首创。

英国大哲学家罗素提出了一套严密的命题和谓词演绎系统，并且对摹状词理论也进行了具有说服力的论证。

这些努力的结果引发了语言学、哲学，甚至整个认知科学的深刻变革，直接对 20 世纪西方哲学的"语言学转向"形成了巨大的推动力。

逻辑思维试图建立一种能够指导实践的科学有效的新规则，当这种规则渗入到人们的大脑，指导思维活动的时候，人们将会变得更加智慧。

逻辑思维既能适用于人脑的思维，也能适用于人工智能。其运用范围非常广阔，无论是在习惯性思维还是创新思维方面，都有着它的用武之地。不管是对已知世界的认识，还是对未知领域的探究，都需要逻辑思维的介入。无论是科学的发明还是理论的建构，也需要运用逻辑思维来辨伪存真。

可以说，逻辑思维贯穿于生产生活、社会交往等各项思维活动中。

逻辑方法使我们脱离了日常思维的浅薄和粗糙，不断地洞穿到思维对象的深层和本质所在，一层层地建构出思维的大厦。然而，不论逻辑思维发展到多么复杂的程度，在生活和实践中发挥指向作用，都是逻辑思维方法的最终目的。

有逻辑的思考，生活会与众不同

我们需要思考

如果一个人没有思维意识，谈何作为？如果一个数量没有质量为依托，有何意义？孔子曾言："学而不思则罔，思而不学则殆。"勤于思考的瓦特，被开水激发出灵感，造出人类史上第一台蒸汽机。普普通通的一个苹果落地，在牛顿的头脑中形成了万有引力定律的雏形。

他们的人生之所以如此精彩，得益于思考。正如那句至理名言"生命应留些时间思考"，思考与学习、工作和生活密不可分，是人生前进的原动力之一。世界上的一切生物中，只有善于思考的人类能够不断提升自我，实现人生价值。

人生，离不开思考。

思考的习惯令人受益终生。思考令今人传承前人精华，去除时代糟粕，善于思考的人必定充满无穷的智慧。思考是解开矛盾的巧手，是疏通僵化思维的灵药，是建立新思维理念的有效途径。纵观古今，凡是成就大业的人都具备勤于思考的优秀品质。他们用思考拓宽视野，也用思考支撑起有分量的人生。

思考的价值

不思考，
苦学十载，头脑空空如也。

思考，发现万有引力。

我们需要逻辑思考

逻辑具备同思考一样的重要性。逻辑导致了在微积分理论基础上爆发的第二次数学危机，人们不停追问：无穷小量与零是否相等？无穷小的概念及其分析理论真的合理吗？尽管微积分等学科已经广泛应用了无穷小的概念，但一直缺乏合理的逻辑解释。

正因为这样，才引发了第二次数学危机，甚至造成数学理论的重大危机。在历经半个世纪之后，才将矛盾渐渐解决，奠定了严格的数学基础。我们可以从中看出逻辑基础十分重要。科学是严谨的，在现实生活中可行的理论也要建立牢靠的逻辑基础。

逻辑与真理

逻辑与真理的关系

逻辑与哲学有着密切的关系，哲学的逻辑规则属于认识论的规律。

在科学理论中，真理是严格遵循认识规律进行表述的形式，而不是无序性的表述形式。

现实中，符合哲学逻辑规则的表述形式在现实中是完美的、科学的、系统的，而片面的、存在缺陷的、不完美的形式则不符合哲学逻辑的表述形式。

当今有一个已经取得了普遍共识的观点，那就是：实践是检验真理的唯一标准。到底什么才是实践的内涵呢？

其实，实践的本身也分为不同形式。依照哲学逻辑的规则，系统认识的思维规律是"四分法"，又叫"四者同一律"。实践的概念被它分为了四种不同的形式——具体实践、社会实践、知性实践、理性实践。

在认识实践中，认识形式依据与对象的关系不同可以分为两种形式：一为反映论，属于直接形式。它的认识目的是区分不同事物，确定不同事物的名称、特点、属性。二为反思论，属于间

真理与我们的生活

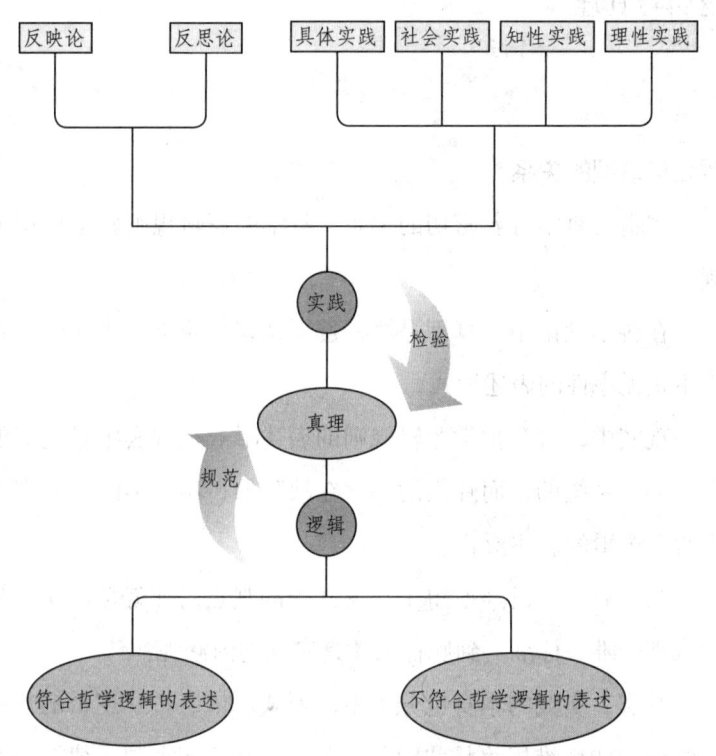

反映论　反思论　具体实践　社会实践　知性实践　理性实践

实践

检验

真理

规范

逻辑

符合哲学逻辑的表述　　　不符合哲学逻辑的表述

　　观点的理论内容和现实是否一致，要在具体实践和社会实践中判断；认识实践是一个动态过程，它表明检验真理的形式不是——对应的静态关系，而是在知性环节中以过程形式出现的动态关系；理性实践的内容包括思维规律和逻辑规则。它说明真理在表述形式上并不是无秩序的，而是按照哲学逻辑规则展开叙述的，遵循认识论的规律。

逻辑思考力：
从逻辑思考到解决问题的方法和技巧

接形式。它的认识目的是把握各种形式的关系，从而揭示出事物发展变化的原因、根据、必然性和规律性。

认识论的规律是系统的认识形式。它的整体结构包含三个环节两个层次，并且相互之间呈现对立统一的关系。具体来说，静态和动态是这两种形式的关系是对立统一的。知性和理性两个层次是二律背反的形式。这一规则表明，科学真理是以系统矛盾关系的形式表现出来的，不是以独断论形式出现的。

现实中，之所以很多理论形态具有片面性，是因为它们一般都不遵循逻辑规则来表述自己的观点、意见和看法。

综上所述，逻辑是规范真理表述的格式，实践则是检验真理的标准。实践和逻辑有机地结合在一起，共同制约着真理的属性和形式特点。同时，实践检验真理的内容，逻辑制约着真理的形式，两者缺一不可。

逻辑与思想表达

纯粹的直观

从前有一位老人，他生活在距今二百多年前的德国，住在一个叫哥尼斯堡的地方，他的生活极其有规律，甚至有的邻居都拿他散步的时间来对闹钟。

这位老人就是德国著名的哲学家康德。他每天站在散步的小山之上俯视着下面的人群，而他每天思考的，也是一些普通人眼里看似不着边际的问题，其中有一个重要的问题就是，纯粹数学到底是否可能存在？

所谓"纯粹数学"，不过是我们对生活中经验所得的东西用概念符号加以运算的结果，数学本身就是来自我们的实践活动之中的。

但是康德却认为不是这样。他说虽然数学是取自于生活的经验，但是我们现在的数字运算也并非全是如此。

比如，当我们说3+3=6的时候，以得到数字 3 和 6，但是我们却不知道"+"的意思。也就是说，我们能够用经验去理解三个东西加上三个东西，但是如果不是这些东西，只是单纯的三，我们恐怕就理解不了"加上"的意思了，他用这个例子说明，数

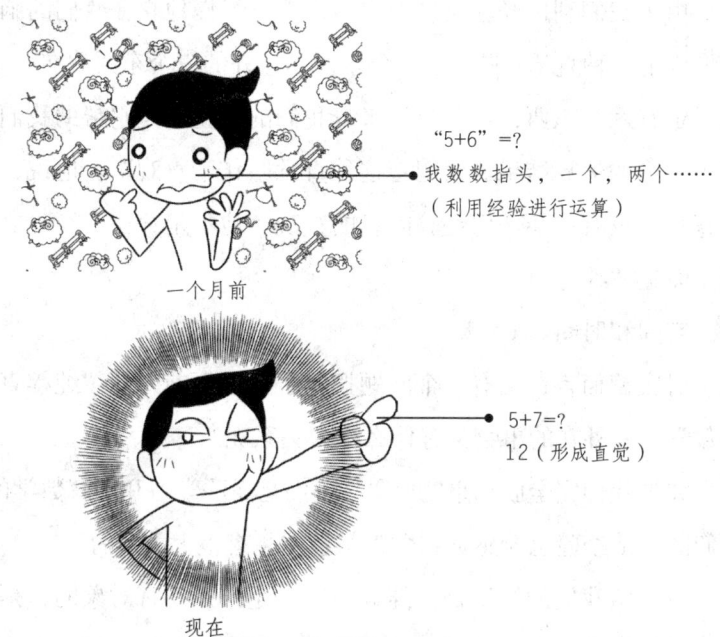

"5+6"=?
我数数指头，一个，两个……
（利用经验进行运算）

一个月前

5+7=?
12（形成直觉）

现在

　　观察数学的性质就会看出来，纯粹数学的最高条件是：数学必须在纯直观里具体地把它的一切概念提供出来，或者把这些概念构造出来。

九宫之法

　　把1~9这些数字排成3行，每行3个数字，使每行每列及两个对角线的3个数字相加的和都是15。你能做到吗？

　　自古以来，有这样的一首歌诀：九宫之义，法以灵龟，二四为肩，六八为足，左七右三，冠九履一，五居中央。延伸出去，还有四四图、五五图，以至百子图。

2	9	4
7	5	3
6	1	8

学并不是完全来自经验。

由于我们利用经验反复地进行运算，慢慢地它在我们的脑子里形成了一种直觉，只要把三个东西和另外的三个东西放在一起，就一定有六个东西，可见数学来自我们的直觉，是它帮助我们得到了正确的运算结果。康德管这种直觉叫作"直观"。他说，这种直观是没有掺杂任何经验内容的直观，他不是存在于经验之上的，而是"纯粹的"。

空间和时间

对康德而言，又有一个问题摆在了他的面前，即"纯粹直观的数学"和外在的事物又有什么样的关系呢？

如果我们完全脱离事物之外，我们是无法学习和理解数学的，我们的生活经验也能感觉到数学与事物是有很大关系的。

康德给我们的答案是：纯粹的数学是涉及感官对象的，是一种先天的综合知识，但感官对象的经验最直观的基础却是空间和时间这样的纯粹直观形式。这种形式使对象在事实上成为可能，它是先于对象的实际现象。

换一种说法，我们对外在事物之所以能够认识（不只是看到的），我们的脑海里预先会有一个框架，它就像一个大筐，我们就可以把经验上所得到的事物的印象装进不同的筐里，然后我们对这些事物加以解释、分析和整理，我们的知识就是由此产生的。

而且，感觉经验对这种形式或者框架本身是不涉及的，也就是说，我们放在里面的感觉材料和它是没有任何关系的。

知识存在于空间和时间之中

空间：太空中

时间：最近

　　如果有人告诉你说，"杨利伟星"是最近被命名的一颗太空中的小行星，这样你就获得了一个知识，因为刚才这个消息包括了"最近"这个时间和"在太空中"这个空间，由此你记住了这个存在于时间和空间中的知识。

　　当然如果当初那人只告诉你这颗星星叫"杨利伟星"，那么你所得到的也仅仅是一半的知识。如果在这个事件中，没有人告诉你时间，但你知道航天飞行这个事件并且知道"杨利伟"这个人，那么你也会清楚这个事件。

轻松一刻

岳飞的年龄

　　有一个明星，希望能扮演岳飞，说："岳飞这角色可以从29岁演到79岁，由年轻演到老！"主持人一听，傻了眼，马上提醒明星，岳飞只活了39岁！

找不着北

　　青歌赛有一道看图问答题，一位歌手竟连柬埔寨的吴哥窟都认不出来，问是哪个国家，他说是吉隆坡，把吉隆坡当成国家，实在非常无知。

康德认为这种形式或框架就是空间和时间，因为任何超越时间空间的事物都是我们无法获悉的，我们的知识也只存在于时间和空间之中。但是，我们不能用空间和时间去限制空间和时间，因为它们本身都是超越自身而存在的。

所以，我们想要获得真正的知识，就要把空间和时间仅仅当成是形式条件，而把对象或外在事物看作是现象就可以了。

我们之所以能够理解一个事件或者事物，是和我们对这些相关信息的掌握有着密切关系的，而任何一个事物或者事件都要包含相关的信息。如果我们到了异国他乡，语言不通的我们在那里会感到寸步难行。因为我们从对方的语言、听到的声音里得不到任何我们可以理解的相关信息。

在我们能理解的信息中，最主要就是去了解"空间"和"时间"这两个方面的信息，也就是说，我们知道任何一个事件都要知道"什么时间""什么地方"。按照康德的意思，我们更应该逆向思考：即只要能被我们理解的事物，那么它一定是在时间和空间之中的，而且空间和时间还规定了我们的一切语言表达，"时间"和"空间"就成为我们一切认识活动，以及语言活动的最根本的前提。我们说出的所有的话，都应当是在"时间"和"空间"之中的。

但是，康德的此种说法却又引发出另一问题：如果说一切语言活动的前提都是以"时间"和"空间"为形式的，那么，我们只需要知道一句话中的这种形式，就可以完全理解这句话的意思了。但是，这显然并不能使我们完全理解句子。

比如，有这样一句话"太空中有一颗小行星最近被命名为'杨利伟星'"。如果我们明白所有句中词汇的意思，但偏偏不能理解"被命名为"的意思的话，就无法完全明白整句话的含义。因为动词是句子中最关键的部分。

再举个例子，"贾宝玉爱林黛玉"和"薛宝钗爱贾宝玉"中，即使把所有的名词都删除，也依旧能够明白是两个关于"谁爱谁"的句子。但是，如果把动词去掉，那么这两句话就变成了名词的叠加，不具备任何具体含义。

上述例子表明，无论是指代对象和实物的名词，还是描述时间和地点的副词，都在表述行为的动词的作用下才拥有具体含义。因此，动词在句中的作用不仅仅是连接各词语，更是表达中心思想的关键用词。

德国哲学家弗雷格在康德之后再次强调了动词的作用。他认为，我们使用句子表达的是一个事实，而动词是构成这个表达的关键部分。

确实，我们使用语言表述事情时，往往不关心语言本身，而更关心所讲的事情。并且，我们常常认为相对于语言来说，将事情表述清楚更加重要。但在科学世界里，由于我们依靠语言本身表达和完成待交流的思想，因此情况要远远复杂得多。

日常语言表达过程中，我们可以使用身体语言或者其他比如语言环境的因素来帮助表达；但是，科学思想的表达过程中，我们只能依靠文字本身。并且，消除日常语言中由于语言混乱和歧义带来的误会就已经非常困难，如果科学交流中也出现语言表达的混乱情况，就更难以解决。我们将无法表达真正的科学研究成果，更无法获得期望中的真理。

用逻辑表达科学思想

弗雷格发现，人们常常用日常语言表达科学思想，这样做对科学研究的危害很大。

首先，错误的科学思想表达、交流方式，会直接影响科学思想的理解和掌握程度。

其次，日常语言本身非常容易产生混乱和歧义，这增加了科学思想表达错误的可能性。

比如说，如果在表达三角形面积的计算公式时，日常语言的表达方式是"底乘以高的一半等于三角形面积"，要理解这句话，首先要理解"等于""乘以"和"一半"这些词语的概念。

如果人们对这些概念有着不同的理解，就无法正确统一地理解这个公式。如果我们使用形式语言来表达的话，公式就变成了"$S=ah/2$"，简单明了，且不存在歧义。

因此，弗雷格提倡表达科学思想时应当使用形式语言，因为歧义最少的形式语言能真正准确地表达出科学思想。

实际上，数学命题、物理公式等大部分自然科学命题都是用形式语言来表达的。但是，是否使用形式语言表达科学思想不是

逻辑思考力：
从逻辑思考到解决问题的方法和技巧

两种不同的表达方式——日常语言与形式语言

日常语言	形式语言
直角三角形的两直角边的平方和等于斜边的平方。	勾股定理 $a^2+b^2=c^2$
自然界中任何两个物体都是相互吸引的，引力的大小与两物体的质量的乘积成正比，与两物体间距离的平方成反比。	万有引力定律 $F=G×M_1M_2/(R×R)$
一切物质都潜藏着质量乘以光速平方的能量。	质能等价理论 $E=mC^2$

形式语言与日常语言相比，能更加准确地表达科学思想。

我们使用语言时，要按照语言的逻辑结构来表达。陈述事实或者表达思想都是表面的现象，真正起作用的是陈述和表达背后的逻辑形式，它们支撑了我们所说的一切话语。

弗雷格关心的重点，他更关心我们在使用形式语言时，是否真的了解其本身含义。

也就是说，我们是否了解形式语言背后，支配着它发挥作用的根本是什么。弗雷格认为，令形式语言发挥作用的不是语言表达的内容本身，而是构成形式语言的逻辑结构。例如，当人们说"2+2=4"的时候，已经在运用加法法则。正因为人们熟知如何运用加法法则，才能够轻松做到。所以，任何四则运算的表达都是算法规则被使用的过程。这些算法规则就是数学命题这种形式语言的逻辑结构，只有与该逻辑结构相符的命题，才能够被人们理解和运算。

并非出于提出形式语言新理论的目的，弗雷格才去揭示数学命题背后的逻辑结构。他仅仅是想表达，人们做任何事都要遵守规矩，数学命题作为形式语言的一种，也要遵守逻辑规则才能发挥作用。这里所说的"规矩"，并非宿命或先天条件的约束，而是指对人们使用语言表达思想时的逻辑要求。

后来许多哲学家追随弗雷格的思想，将其称为"逻辑主义"，掀起了现代西方哲学中分析哲学运动大潮。今天我们所熟知的维也纳学派、逻辑经验主义、罗素和维特根斯坦的逻辑原子主义等思想派系，都可追溯到弗雷格的逻辑主义。这个影响后世的重要思想可以从以下几个方面理解：

（1）由于人们在理解语言时，难以避免心理解释的特征，因此要严格区分心理和逻辑涉及的东西。人们总是根据自己对语言和词句的主观理解来解释某个句子的含义。如果人们无法达成对命题意义的一致理解，谈何交流？如果人们掌握了逻辑，问题就变得容易很多。即使对命题意义的理解不同，但取得对命题表达的逻辑结构的一致意见后，仍然可以在相同的理解平台上进行交流。

（2）主观和客观的东西需要严格区分。弗雷格认为，目前人们使用的逻辑是传统的，是以心理推测为前提的。例如，我们根据心理习惯理解三段论的逻辑推理，"所有的人都是会死的"是一个隐含推理的前提。也就是说，在前提中就暗示：只要是人，就一定会死。弗雷格在解释他理解的"客观概念"时，使用了"白色的"这个词来修饰。他认为人们看到这个词通常会联想到某个主观的感觉，而忽略了客观存在。只有人们将主观和客观的事物加以区分，才能够正确使用词语表达客观性质。

（3）不管是数学计算还是别的科学研究，弗雷格认为其目的都是为了得到知识。我们不能仅仅依靠感觉提供的素材达到获取知识的目的，更重要的是使用逻辑推理。并且，逻辑推理的形式来源于我们对概念的构造，而不是感觉。

根据上述理论，我们在看待数学处理中的数字时，可以把它们当作逻辑词汇中的数量词，并且通过使用逻辑推论，把含有数字的命题转化为与之具有同样意义的不含数字的命题。所以说，所有数学命题都可以通过一定方式，还原成为逻辑命题，或者说可以被逻辑语言重新表达。

弗雷格曾说过一句经典的话："逻辑是数学的基础。"这句话找出了数学和逻辑之间的关联，说明了逻辑是所有语言活动的基础，决定了语言的含义能否被人们理解和接受。虽然我们不会在使用日常语言的时候刻意遵循逻辑规则，甚至有时说话时，似乎在表面上看不符合逻辑规则，只要我们表达出的思想能够被人们所理解，那么我们就是按照逻辑的要求组织语言、表达思想。

如果逻辑原本就存在于语言之中，为什么哲学家们还要强调逻辑的重要性呢？事实上，虽然我们没有刻意留心逻辑的存在，但我们说话时已经具备了逻辑基础。或者说，逻辑本身已经在我们的语言中存在了。

但是，哲学家们发现不是所有日常语言涉及的道理，在科学或哲学中都能够清晰准确地表达。

例如，"光年"一词在科学术语里是一个长度单位，但是人们往往会将其与时间单位"年"混淆起来，造成无法正确理解的结果。

哲学家们认为，日常用语本身在使用时对语境有所要求，且具有一定的模糊性，如果在科学语言内使用时不加以注意，很容易使思想表达的结果混乱。这个时候就需要对科学语言进行形式化要求，也就是要用与日常语言不同的另一种语言来表达科学思想。

确实，科学语言的形式化要求很容易实现，而哲学语言就难得多了。因为哲学语言本身就在使用日常用语来表达，如果将其形式化，定会造成牺牲哲学思想的后果。这时候我们就需要澄清哲学语言本身的意义，才可以保证对思想的正确表达。而这种澄清是要搞清楚蕴含在哲学语言中的逻辑形式，而不是简单地用另一种形式化语言替代哲学语言。然后再通过揭示其中的逻辑形式，来更清晰地理解哲学语言中的真实含义。

综上所述，在哲学语言表达时，我们应当对某些经常使用的概念和范围制定清晰的规范，以便正确地使用它们。

逆转思维，在更高的层面解决问题

全神贯注

全神贯注的好处

就一个事物而言，在不同的时间、不同的地点，或多或少都会有一些改变。每个情景都会有其特殊性，而不被表象的相似所迷惑，警惕于这种特殊性正是我们集中注意力的表现。

我们知道，观察生活是作家的创作源泉，是画家的灵感，是人们生活中发现真正价值的重中之重。

集中注意力要求我们对事物的整体做一个审视。不论这个事物是否见过、经历过，我们都需要对它进行细致的观察，观察其实是一种了解的过程。

在这个过程中，你不仅能够了解这个事物的整体情况，同时你也可以针对个别问题进行思考并得出解决方案。

全神贯注地观察还有一个好处，那你或许能够发现别人未曾发现的东西。这就像我们小时候写字，写完之后我们自己检查了好几遍，感觉没有错别字了，但是等到老师批改完作业，再一看，还是会有很多的错别字。

是我们不知道那个是错别字吗？显然不是，关键就在于我们没有全神贯注地观察。

逻辑思考力：
从逻辑思考到解决问题的方法和技巧

提高注意力有助于培养逻辑思维

陈景润为什么逻辑思维高超，是因为他思考问题全神贯注的原因。

啊！

陈景润

我终于研究出来了！

我上学又忘了拿书包！

有时，相似的情景会带来许多错误。

把相似当成了相同，把现在经历的事情，当作了过去的翻版。

这源于我们的注意力不够集中。

当我们在面对似曾相识的事物时。

我们总是会想当然地凭经验得出结论。

　　全神贯注地观察细节是事情成败的关键，也许就是因为你一时的细心从而拯救了一个项目，也可能因为一时的偷懒而致使全盘皆输。

　　对待事物要用心，不要轻易地对任何细节说不。全神贯注地主动寻找和被动地接受是不可同日而语的。不要忽略了"小"的作用，正所谓：不积跬步，无以至千里。

确认事实

如何准确认定事实

事实分为事物事实和事件事实两种基本形式。事物是存在的实体，比如植物、动物、桌椅等。事件多是人物活动，人做出来的事。例如，白宫是一个建筑物，是事物。而白宫前的群众游行就是事件。事物对比事件来说是基础的存在形式，也可以说事件是由事物组成的。

俗话说，耳听为虚，眼见为实。但某些事物也不必一定非亲眼见证。从值得信赖的朋友处听说，或者真实的影音资料都可以作为证明。

但是事件的确认就有些难度了。许多人都是为了各自利益而公说公有理，婆说婆有理，无法真正证实某些事件。

确认事实的方法大致如下：要么亲身经历其中，获得第一手资料；要么通过严谨的渠道获得真实性、可靠性较佳的资料。在此基础上才可确认事物的真实性。

我们的环境限制决定了我们不可能亲身经历所有重要事件，因此利用间接证据是很重要的环节。确认间接证据的真实性和可靠性也是非常重要的。例如，警察不可能都是深入犯罪集团的卧底，因此警察通过线人的消息来确定犯罪情况就很关键。

主观事实在通常情况下是自动呈现的，虽然源于主观体验，

逻辑思考力：
从逻辑思考到解决问题的方法和技巧

确认事实的方法

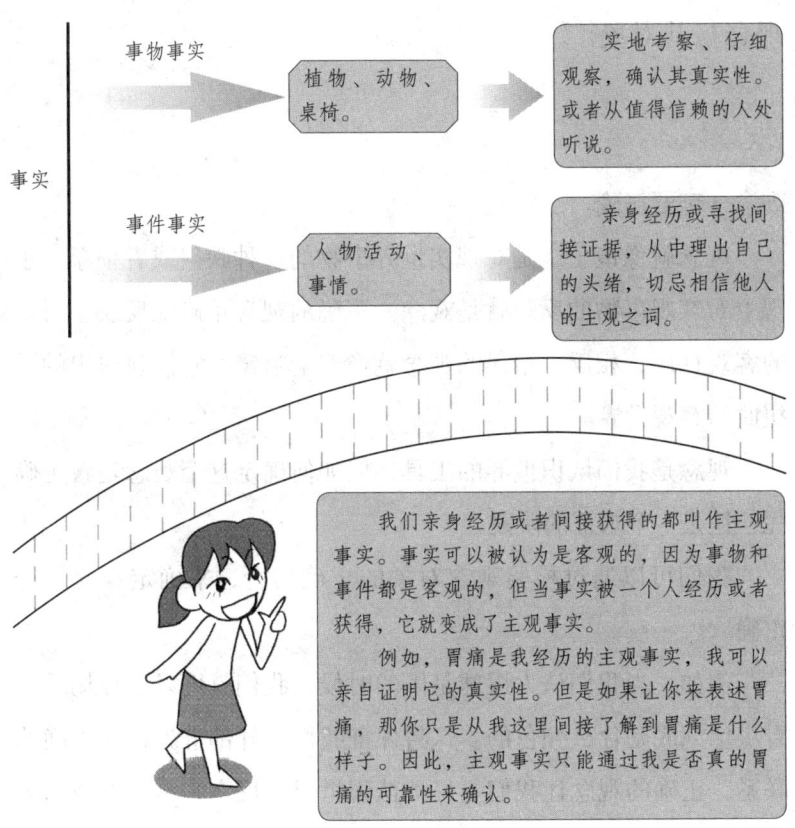

事实

事物事实 → 植物、动物、桌椅。 → 实地考察、仔细观察，确认其真实性。或者从值得信赖的人处听说。

事件事实 → 人物活动、事情。 → 亲身经历或寻找间接证据，从中理出自己的头绪，切忌相信他人的主观之词。

我们亲身经历或者间接获得的都叫作主观事实。事实可以被认为是客观的，因为事物和事件都是客观的，但当事实被一个人经历或者获得，它就变成了主观事实。

例如，胃痛是我经历的主观事实，我可以亲自证明它的真实性。但是如果让你来表述胃痛，那你只是从我这里间接了解到胃痛是什么样子。因此，主观事实只能通过我是否真的胃痛的可靠性来确认。

但由于人脑中的自我错觉和埋性化思维机制，人们也许无法确认关于他们自身的事实。

因此，由于主观事实得以确认的基础是对其他当事人的完全信任，所以你必须首先考虑当事人的信誉度。

观念与其对象

观念一定要正确

观念就像镜子，是对现实世界事物的一种映射或者描摹。主观上对客观事物的反映就是观念。正确的观念正确地反映了对象的客观秩序，相反，错误的观念就像照哈哈镜，它们映射出的是扭曲的客观世界。

观念是我们认识世界的工具，但如何确定这个观念是否正确呢？这是一个求证的阶段。

我们可以通过检验观念对象的正确与否，来确定观念是否正确。

例如，当我们认为煤球是黑的时候，我们就可以去煤场看一看煤球到底是什么颜色的。这将保证我们与外部世界存在正确的联系，正确的观念让我们更好地认识世界。反之，错误的观念会诱导我们做出错误的决定。虽然我们对观念的控制力有限，但通过检验的方式，我们最终可以得出正确的结论。

如果，当我们验证时发现某一观念与其对象不对等，是扭曲的关系，那我们就可以确认该观念是错误的。

观念的对与错

正确的观念

错误的观念

正确的观念让我们更好地认识世界，

错误的观念使我们扭曲地认识世界。

　　我们不仅要能够把握观念，更要通过观念观察其表现的真实世界。观念是我们认知的工具，是一座桥梁，而我们的最终目的是发现真实世界。观念架起人与外部世界的桥梁，如果观念是正确的，那么此桥就会固若金汤，反之我们将无法受益于观念。

留意观念的本源

探索观念的根本

对很多人来说，欣赏自己的孩子是一种本能，而我们大脑所产生的想法即观念就像我们的孩子一样，也在享受着我们的欣赏。但这种观念产生的根源只能是其对象在外部世界的际遇。归根到底，观念能感知的来源依旧是独立于人脑意识的客观事物。

若想加深对某些事物的理解，就必须尽可能多地接触该事物，可以说，观念的清晰取决于理解的深刻。如果我们把观念当作空中楼阁，脱离了客观存在的事物，那我们永远都无法真正地理解它。

如果忽略了观念的客观根源，把观念作为一个独立体来思考的话，观念就不再那么可靠，而成了一种空想。这将使主观和客观的桥梁断裂，我们也永远无法认知真实的客观世界。我们生活在自己的精神中，看到的外部世界也只是我们大脑的产物，并不是世界的本来面貌。当观念与真实世界脱节，我们看到柳树就会以为是杨树。

确定事实并不是把表象的观念在大脑中确立起来，而是绕过观念去直接观察外部世界。人类的观念常常是主观的，但我们需

逻辑思考力：
从逻辑思考到解决问题的方法和技巧

要确定的却是客观的。当我们需要去确定时，一定要认清主观与客观的关系，不能混为一谈。

我们始终在说观念只是一个桥梁，并不是结果。我们可以通过观念在外部世界找到对应的事物，那么我们是通过观念取得事实，而并非观念就是事实。

例如，我们大脑中都有人的观念，因而在现实世界中我们就很容易找到真实存在的人。

不过，我们的脑海中还有关于哪吒的三头六臂的观念，此时我们就找不到与之对等的现实事物。哪吒的形象仅存活在我们的主观观念中，不在现实世界里。所以，这是我们应该注意的地方。

观念的感知

观念不等同于事实

（人）　客观　　　　主观　（人）

大脑中的观念

（怪兽）？　　　　　　　（怪兽）

　　　观念中存在的事物，有的在现实生活中可以找到真实的存在，有的则在现实生活中找不到真实的存在。

观念联系事实

用观念联系事实来认知世界

人类主要通过客观存在的事实、事物在大脑中的反映、创造的语言三部分来认知世界。比萨斜塔的存在，是因为石砖与石砖间的黏合极为巧妙，有效地防止了塔身倾斜引起的断裂，成为塔斜而不倒的关键因素。

因此，我们才在脑海中有关于比萨斜塔的观念，随后大家才认同比萨斜塔的存在。如果没有这个比萨斜塔存在，那无论我们如何想象，或者怎么样道听途说也无法确定比萨斜塔却有其物。

正是因为有客观事实的存在才有我们脑海中的观念。反推，在我们脑海中的观念对应的都是现实世界中的客观事实。但这种联系是非简单的联系，有可能产生错误的观念。

错误的观念就是因为现实世界和主观世界的非简单联系造成的。

例如，我们所说的比萨斜塔，它存在于我们脑海中的观念，我们称它为简单观念。我们脑海中在意大利倾斜的比萨塔我们叫作比萨斜塔。这类观念很容易就可以证实，到意大利亲自看一看，或者看看图片等资料。

客观世界里的观念认知

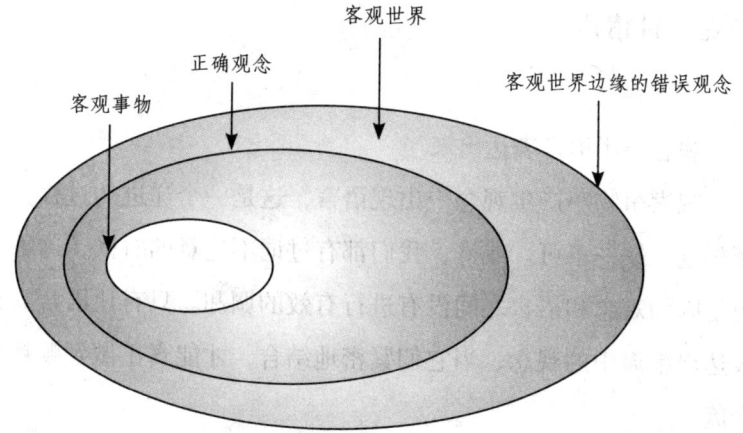

客观世界

正确观念

客观世界边缘的错误观念

客观事物

　　但像民主，它是没有具象的观念。就算把它联系到现实世界中来，我们找到的可以证实的真实事物太过丰富：法令、行动、人物、时间、制度等都可以成为有关民主的问题进行讨论。

　　如果我们要对民主加以讨论，那我们所面临的将是无数的论点。为了避免这种容易误入歧途的讨论以致无法与人正常的沟通，我们必须要在现实中找到大家都明白、都知道的现实事物来说。我们需要提供有关于民主的现实事物来举证，通过各种法令、事件等来讲明民主的内涵以及在现实世界中的表象。

　　即便是最为荒谬的想法依然无法脱离客观世界。荒谬的想法和错误的观念是不对等的。错误的观念是对客观事物理解的偏差，而荒谬的想法是客观世界边缘的想法。

将观念付诸语言

观念要用语言表达出来

观察事物→产生观念→出现语言，这是一个递进的过程，紧密相连、缺一不可。或许，我们都有过词不达意的时候，这种经历是因为观念和语言之间没有进行有效的调和。只有让语言真正表达出脑海中的观念，当它们紧密地结合，才能真正做到顺畅地交流。

然而这个紧密结合的过程并不是自发产生的。有时候，为了将观念付诸语言，追根溯源才能真正找到合适的语言。比如我们想知道为什么下游的水浑浊不堪，我们就必须逆流而上找到水的源头才能真正了解清楚。

客观事物决定着观念，观念决定着语言。反推则是要想有着流畅的语言交流就必须有清晰的观念，而清晰的观念只能来自对客观事物正确的认识。

做到了语言和观念的完美结合，就能真实地反映出客观事实。

这对于简单观念来说非常容易，例如有人认为天安门前的华表是汉白玉制成的，而华表确实是汉白玉制成的，那么在这种情况下，语言与观念形成了统一。

它们都客观地反映了客观事物。此原则放在复杂观念上也是同理。虽然乍一看复杂观念相对于简单观念来说过于烦琐，但只要回归本源找到客观事物，就一定能保证语言运用的准确性。

我们的最终目的是语言能够真实地表达出客观事物，从而使得我们的交流有一个坚实的基础。为了能够准确地表达，仅用语言表达相应的观念是远远不够的，它还应该能够表达客观事物和正确的观念。

有效沟通

如果我们回顾语言和观念之间的关系，我们就会发现，语言和逻辑之间的关系密不可分。正是因为它们之间的紧密联系才使得沟通能够顺畅进行。

语言与观念的默契度越高，那么我们的沟通就越顺畅，虽然对一个存在于大脑中的观念我们可以不用语言来表述，但当我们尝试着与别人沟通时，语言就变得非常重要了。

当我们与别人沟通时使用了简单的词语，例如"老虎""兔子"等，这些语言与观念的结合只是我们开始的第一步。我们现在只知道有"老虎""兔子"这类词语，但其他的信息却一无所获。

通常我们在沟通时常常配合的是：谁？干什么？怎么了？就像语言的三要素主谓宾一样。也就是说，我们在确立了我们要阐述的问题的主旨后，下一步就是丰富这个主旨，也就是为观念建立连贯的陈述。比如我们刚才说到的"老虎"和"兔子"。接下来我们就要说，老虎和兔子怎么了。否则我们的表达就是不完整的。

用语言表达观念

用语言表达观念的程序

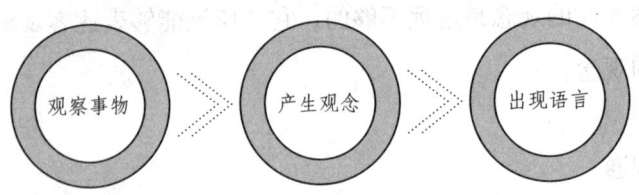

客观事物决定着观念，观念决定着语言。

语言与观念的统一

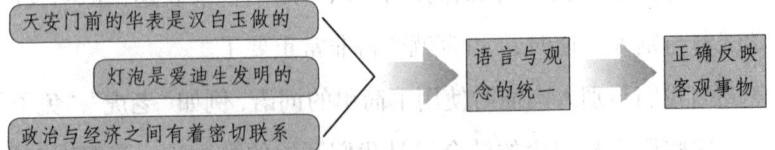

语言与观念的不一

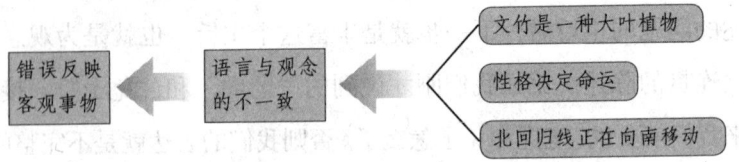

逻辑思考力：
从逻辑思考到解决问题的方法和技巧

在逻辑学中，陈述有其特定的含义，它是语言上的特定表达方式，只针对可以做出真假判断的命题。词语被称为语言的基石，而逻辑的基石是命题。因为只有在命题的层面上才涉及真假问题，逻辑本身就是发现真相并将其从谬误中分离出来的学问。

一个命题的真假判定取决于表达的清晰度。在命题相对简单时，我们很容易就可以做出真假判定。但当一个命题复杂且本身的表述也有问题时，那么这将是一个双重的障碍，我们很难从中判定真假。我们既要找出命题的本身含义，又要找出表述中的含义，才可以判定真假。所以，由此看来，清晰的表达是判定命题真假的关键。

要想有一个有效的沟通，那么必须具备清晰的思维条理。如果一个人自己还没有想明白，又怎么能够使得别人明白？一个正确的观念不会自动形成有效的沟通，一个人说出来的也许和他本身想说的截然不同。

避免使用模糊和多义的语言

一些模糊的或者多重意义的语言容易引起别人的误解。尤其是当我们说一些上下文关联性很强的话时，我们就发现模糊或者多重意义的语言常常会带出许多分支，到最后完全不是我们想要表达的意思了。这主要是因为这类语言没有一个特定的专属的含义，它带着多重含义，那么听众也就带着多重含义听下去。就像一幅树形图，我们带着很多的分支走下去，最后就很难统一。

有效沟通离不开正确的逻辑思维

有效沟通的流程

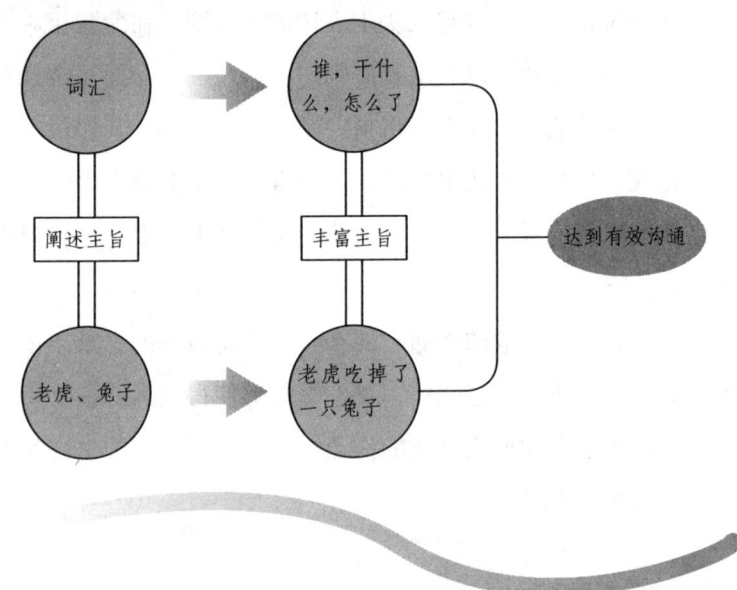

　　我们需要掌握一些有效沟通的基本原则：比如不要站在你的立场想别人；表述话语准确、完整；摆放好主观和客观的位置；沟通中少用评价语言、判断性语言，尽量不使用双重否定句；不要妄加评论和争论；提出问题，以显示自己充分聆听和求得了解的心境；在沟通过程中应尽量使用通俗易懂的语言，使用接收者最易理解的语言，传达有效信息等。

要避免歧义的发生就必须要运用一些有特定含义且目标明确的词语。使用这样的词语也省去听者费心猜测说话者的本意，说话者直接表达清楚就好了。

要想使语言直接被别人接受，就要使用明确的语言。直接肯定地告诉别人你要说的是什么，怎么样，不要让听者猜测。每个人猜测的结果都不一样，最后往往是众说纷纭，而你的初衷也没有达到。

避免闪避式语言

有时候我们为了更加礼貌地向别人阐述问题，常常采用比较委婉的方式。通常，迂回地阐述问题，以避免问题的尖锐性刺激到对方，但也容易因此造成语言中信息的遗漏。有时候长篇大论了一番，迂回了三百六十度，但最终对方也没能明白你到底所要表达的是什么。

还有一句话叫言者无心，听者有意。俗话说得好，祸从口出。有的时候就是自己认为一段无关紧要的话，却伤害到了别人，也连累到了自己。往往一些不能直接阐明问题的语言，容易产生歧义，造成各方面的误解。

这种闪避式的语言，不仅有可能欺骗对方，也在无形中损害了使用者，使他们曲解了现实世界的感受。而且这种语言也无法表达出我们心中的真实想法。倒不如使用直接的语言，直抒胸臆，简单明了，使得大家都能轻易弄明白问题的关键所在。

语言逻辑性差引起的一些歧义

使用模糊或多义词

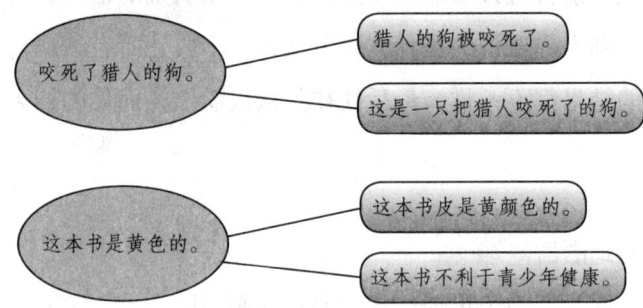

咬死了猎人的狗。

猎人的狗被咬死了。

这是一只把猎人咬死了的狗。

这本书是黄色的。

这本书皮是黄颜色的。

这本书不利于青少年健康。

都是闪躲式语言惹的祸

该来的怎么还没来?

难道我们是不该来的?

不该走的怎么都走了?

难道是我该走?

逻辑思考力:
从逻辑思考到解决问题的方法和技巧

真相

现实生活中的真理

宏观意义上说，我们所做的一切都是为了一个目的，那便是找到真相。这里的真相并不是指凶杀案件的真相，或者某些谜团的真相，而是我们努力的意义所在，也可以理解为现实生活中的真理。

学术上的真相有两种：本体真相和逻辑真相。一个确实存在于某处的某物可以称为本体真相，与之对立的则是虚假的幻象，而本体真相就是我们一般追求真实的意义；关于一个可以用真假判断的语言来表述的真理性，我们称为逻辑真相。逻辑真相与我们的观念有关，证明我们的观念与对应现实事物的关系。我们由自身观念和现实事物的存在来判定逻辑真相的真假。

当人们撒谎时一般都清楚地知道现实世界中的真相是什么，却表述出篡改过的事实。

当我们判断谎言命题时，就可以看它的表述与现实世界是否对应，如若不对应，那我们就可以认定这是谎言。决定这个命题真假的就是现实情况。而逻辑真相就是以本体真相为基础建立的。

真真假假来判断

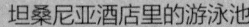

坦桑尼亚酒店里的游泳池

一直以来，非洲给我的印象是大片的荒漠、成群的野生动物以及炎热的天气，来到这儿才发现，事实上并不完全如此，这里不仅有那些让人着迷的自然风光，在坦桑尼亚的首都和许多旅游区，设施齐备的高档酒店比比皆是，酒店的建筑设计与自然景色完美统一，装饰装潢典雅讲究，置身其中，感受着现代文明的舒适与安逸，旅途的劳累早已忘却，留给你的是充分地享受和休息。

在坦桑尼亚，只要是有一定规模的酒店，都会建有游泳池，供客人们免费享用，假如不是亲眼所见，我还真不敢相信呢！据这位酒店工作人员介绍，这些游泳池里的淡水都是用海水淡化而来，这是真的吗？

答案：在坦桑尼亚的沿海平原气候炎热潮湿，年平均降水量在1000毫米以上。所以泳池中的淡水是自来水。用海水淡化而来的说法是错的。

航海家恩里克王子

恩里克王子1394年出生在波尔图，毕生投身于航海事业。今天葡萄牙的马德拉岛就是他指挥船队第一次出海发现的。葡萄牙南部的圣文森特角，当时是恩里克王子训练海员，积累航海经验的训练场，为15世纪的航海大发现奠定了重要基础。今天人们都将恩里克王子称为航海家，而实际上他从未亲自出海进行过远洋旅行。

答案：恩里克王子一生中确实未曾亲自进行过越洋探险，但他对葡萄牙的航海事业做出了巨大的贡献，是葡萄牙航海发现的指挥者和精神领袖，航海家的称号对他来说受之无愧。恩里克王子一生从未出海远洋，这个说法是真的。

逻辑思考力：
从逻辑思考到解决问题的方法和技巧

逻辑精进术，教你快速切换思考方式

排除法

什么是排除法

排除法，就是找出与题干意思不同的选项加以排除，或者找出与题干意思相同的选项加以排除，从而获得正确答案的方法。

此类排除法的提问方式一般表现为："与题干意义相同的选项有哪些？""与题干意义不同的选项有哪些？""以下哪项可以直接反映此问题？""以下选项中，有哪项能体现本论点？"

排除法一般可运用到任何问题上，在解决逻辑问题时，也可以选择排除法进行解答。我们把排除法的本质称为用已知求未知。在不同的选项中，根据题干中已知条件，排除与其相同的条件，就得到了未知条件。同理，题干中给出了已知条件，根据题干找出与题干不同的条件进行排除，就得到了最终答案。

排除法案例

（1）清河市的报纸销售量多于路河市。因此，清河市的居民比路河市的居民更多地知道世界上发生的大事。下列选项中除了哪个选项都能削弱上述论断：

A. 清河市的居民比路河市多。

逻辑思维训练法之排除法

在17世纪，有这样一个年份：如果将这个年份倒过来看，仍然是一个年份，但是比原来的年份多了330年。你能猜出这个年份是17世纪的哪一年吗？

（答案见本页）

今年暑假，玲玲在外婆家住了几天，这几天天气时晴时阴。具体说来是这样的：上午和下午下雨的情况有7次；下午下雨的那天上午总是晴天；有5个下午是晴天；有6个上午是晴天。根据这些条件，你能得知玲玲在外婆家住了几天吗？

（答案见本页）

答案：

1661 年

9天。

B. 路河市的绝大多数居民在清河市工作并在那里买报纸。

C. 清河市居民的人均看报时间比路河市居民的人均看报时间少。

D. 路河市报纸报道的内容局限于路河市内的新闻。

E. 清河市报亭的平均报纸售价低于路河市的平均报纸售价。

【解题分析】

正确答案：E。清河市的报纸销量多，是因为人口多，这样，路河市居民反而不如清河市居民更多地知道世界大事。由此排除A。继续使用排除法来看，排除B、C、D。由此，我们来分析一下E。清河市报亭的平均报纸售价低于路河市的平均报纸售价。这是销量高的原因，但不能削弱题干所说清河市的居民比路河市的居民更多地知道世界上发生的大事。

（2）关于寻找不同的派遣人的方案，公司董事持不同的意见。

甲：如果不选派张经理，那么不选派刘经理。

乙：如果不选派刘经理，那么选派张经理。

丙：要么选派张经理，要么选派王经理。

以下诸项中，同时满足甲、乙、丙三人意见的方案是：

A. 选张经理，不选刘经理。

B. 选刘经理，不选张经理。

C. 两人都选派。

D. 两人都不选派。

E. 不存在这样的方案。

妈妈在餐桌上放了几块巧克力，可出去了一会儿，回家后发现巧克力已经被吃掉了。妈妈问三个孩子是谁吃的。甲：我吃了。乙：我看见甲吃了。丙：总之，我和乙都没吃到。这三个孩子中有一个在说谎，那么巧克力被几个孩子吃了？（答案见本页）

答案见
本页

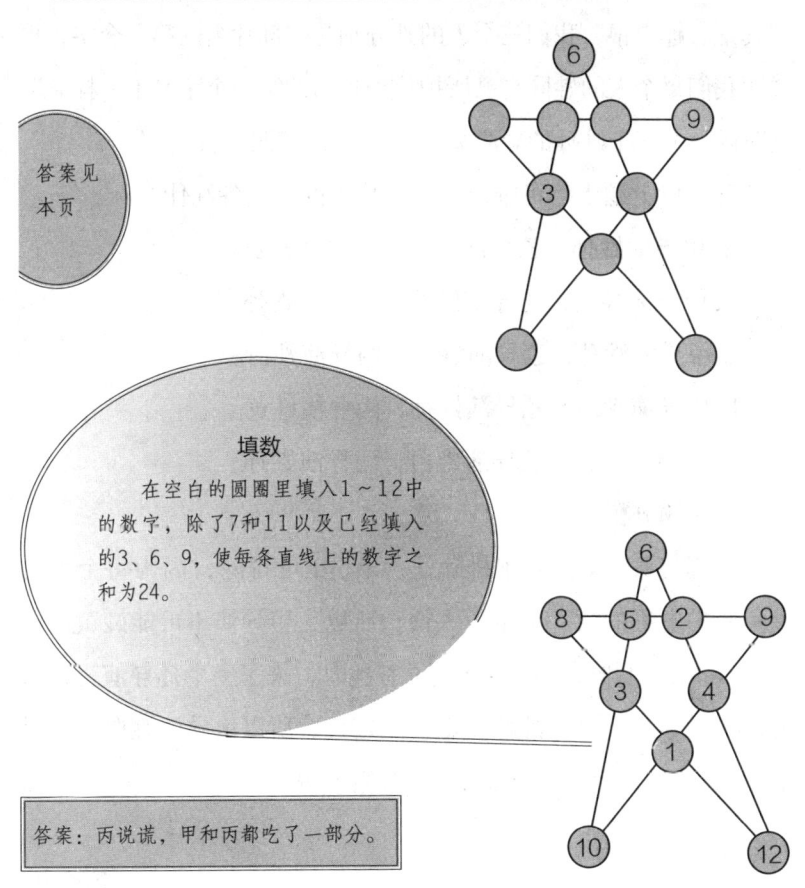

填数

在空白的圆圈里填入1~12中的数字，除了7和11以及已经填入的3、6、9，使每条直线上的数字之和为24。

答案：丙说谎，甲和丙都吃了一部分。

【解题分析】

正确答案：A。这里我们采用排除法得出A的结论。E显然不能成立，D与乙和丙矛盾，C与丙矛盾，B与甲矛盾。

（3）某届"金鸡奖"评选结束。甲导演拍摄的《黄河颂》获得最佳导演奖，乙导演拍摄的《孙悟空》获得最佳美术奖，丙导演拍摄的《白娘子》获得最佳配乐奖。颁奖大会以后，甲导演说："真是有趣得很，我们三个人的姓分别是三部片名的第一个字，再说，我们每个人的姓同自己所拍片子片名的第一个字又不一样。"这时候，另一个姓孙的导演笑起来说："真是这样的！"

基于以上题干，可推出这三部片子的导演各姓什么？

A.甲导演姓孙，乙导演姓白，丙导演姓黄。

B.甲导演姓白，乙导演姓黄，丙导演姓孙。

C.甲导演姓孙，乙导演姓黄，丙导演姓白。

D.甲导演姓白，乙导演姓孙，丙导演姓黄。

E.甲导演姓黄，乙导演姓白，丙导演姓孙。

【解题分析】

正确答案：B。采用排除法，首先E可排除，因为每个人的姓和所拍电影的第一个字不一样。所以，甲导演不可能姓黄。同理，D和C都可排除。而甲导演说有趣时，来了一个孙导演，也就是说，甲导演不可能姓孙，也不能姓黄，所以甲导演姓白。于是A也被排除。最后只剩下B为正确答案。

逻辑思维训练法之排除法

老师在一张纸条上写了甲乙丙丁四个人中的一个人的名字，然后握在手里让这四个人猜一猜是谁的名字。甲说：是丙的名字。乙说：不是我的名字。丙说：不是我的名字。丁说：是甲的名字。老师说：只有一个人猜对了。那么究竟是谁的名字呢？

将第一次猜的结果做一个比较，就会发现甲的判断和丙的判断是矛盾的，则其中必然有一真一假。如果甲真，那么乙也真，这样就与老师所说的"只有一个人说对了"相矛盾。所以甲的判断必假，这样丙的判断就是真的，其余三个人的判断就都是假的。乙的判断就与事实相反，所以纸条上写的是乙的名字。

有两位失学儿童各收到一笔助
学捐款。经多方查证，断定是甲、乙、
丙、丁四人中某两个人捐的款。经询问：

甲说：不是我捐的。　　乙说：是丁捐的。

丙说：是乙捐的。　　丁说：我肯定没有捐。

最后经过确实，这四人中只有两个人说的话是真的。
根据上述条件，请判断下列哪项断定可能为真？

A.是乙和丁捐的。　　　　B.是甲和丁捐的。

C.是丙和丁捐的。　　　　C.是乙和丙捐的。

　E.是甲和丙捐的。（答案见本页）

经查看，乙和丁的话相互矛盾，根据矛盾律和排中律的逻辑要求，两个人的话不可能都真，也不可能都假，只能是一真一假。由前提条件又可知，甲和丙的话也只能是一真一假了。

①乙（T）丁（F）：丁捐。

②乙（F）丁（T）：丁未捐。

③甲（T）丙（F）：甲、乙均未捐。

④甲（F）丙（T）：甲、乙均捐。

根据前提条件：两个人捐款。

①和④搭配：有三人捐款。与前提条件矛盾，排除。

②和③搭配：有三人未捐款。与前提条件矛盾，排除。

①和③搭配：甲、乙均未捐；丁捐，当然可以进一步得知丙也捐了。

②和④搭配：甲、乙捐了；丁未捐，当然可以进一步得知丙也未捐。

拿这两个可能情况与选项对照，正确选项是C。

递推法

什么是递推法

递推法是一种增进式的求解方法，也就是说，我们由原本的思路一步步地刨根问底，利用问题本身所具有的一种递推关系来求解问题的一种方法。

这种方法的关键在于能抓住一些细节加以促进原本的思路，像建造金字塔一样，根据金字塔的走向，一步步地将金字塔累积到顶端。这种探索的方式是一步一个脚印地向前思考，我们不仅会在最后得到一个答案，而且过程中的每一步我们都了如指掌。

在探索事物的过程中，每一个事物的原因、结果、表象和本质都需要一一分析。在分析的过程中也许会出现多个分支，此时，我们应该秉承着先易后难的原则，逐个分析，最终找到答案。

这种由已知向下分析找未知，由原因找结果，由表象发掘本质的方法能确保每一步过程都尽在掌握。在每一步过程都准确无误的前提下，我们将获得准确的答案和整个过程的清晰脉络。

在递推法中需要注意的是，某些推理可能仅仅有一些可以使结论成立的必要条件，但是结论的成立可能依赖于更多的条件，

逻辑思维训练法之递推法

蜗牛爬树

一只蜗牛爬一棵大树。蜗牛晚上要睡觉，白天才出来活动。蜗牛白天会向上爬三尺，但是晚上睡觉时，会往下滑两尺。这棵树有十尺高，蜗牛需要几天能爬到树顶呢？

答案见111页

猫捉老鼠

如果5只猫在5分钟内可以抓到5只老鼠，那么在100分钟抓住100只老鼠需要多少只猫？

答案见111页

加符号游戏

在下面的这些数字中间添加进四则运算符号，使每列数等于50。

1 2 3 4 5 6 7 8 9=50
1 2 3 4 5 6 7 8 9=50
1 2 3 4 5 6 7 8 9=50

答案见111页

逻辑思考力：
从逻辑思考到解决问题的方法和技巧

只有所有的必要条件都找到，才能构成充分条件，从而推导出推理的结论。

由此，我们知道，只有集齐所有影响结果的原因，我们才能得到确切的结果。反之亦然。

递推法案例

（1）如果小明喜欢足球运动，则他要去足球学校学习；如果他不喜欢足球运动，则可以成为足球教练员；如果他不去足球学校，则不能成为足球教练员。

我们根据这个来推断一下，小明（　）：

A. 不喜欢足球运动　　B. 成为足球教练员　　C. 不去足球学校

D. 去足球学校　　E. 不成为足球教练员

【解题分析】

正确答案：D。

本题是一道复合命题推理的题型，其解题方法是边读题边抽象出推理关系，并记在草稿纸上，通过递推，即可找到答案。由本题题干，可得出以下推理关系：

喜欢足球运动→去足球学校 a；

不喜欢足球运动→能成为足球教练员 b；

不去足球学校→不能成为足球教练员 c；

因此，c 等价于它的逆否命题：能成为教练员→去足球学校 d；

由 b 和 d 得出，能得到 e，即不喜欢足球运动→去足球学校，所以，由a和e，不管小明喜不喜欢足球运动，都将去足球学校。

（2）两个汽水瓶可以换一瓶汽水，一瓶汽水一元钱，如果你有二十元钱最多可以喝到几瓶汽水？

【解题分析】

这类问题的最好解法是使用递推法，也就是自始至终一步步地推导。

首先，二十元可以买到二十瓶汽水，接着用二十个空瓶可以换到十瓶汽水，十个瓶子又可以换到五瓶汽水，五个瓶子可以换到两瓶汽水，两个瓶子又可以换到一瓶汽水，一个瓶子加上剩下的一个瓶子又可以换到一瓶汽水。这样最多可以喝到39瓶汽水。

（3）从前，一个监狱里有64名罪犯。一次国王心情好，决定释放一个人。但释放谁好呢？国王想出了这样一个办法：所有人编号，围一圈，从1开始数，然后是3号、5号、7号……数到的人站出来，然后剩下的继续数，直到剩下最后一个人，就把他放了。一个聪明的罪犯故意站到一个合适的位置上，最后他被释放了。你知道他站在几号吗？

【解题分析】

数到单数的站出来，一轮下来，剩下的都是偶数的。由此推出他是偶数的最后一名，即64号。

国王与囚犯

有个国王，想处死一个囚犯，他决定让囚犯们自己选择是砍头还是绞刑。选择的方法是，囚犯可以任意说出一句话来，而且必须马上能判断出这句话的真假。如果是真话，就处绞刑，如果是假话，就砍头。

这个囚犯是极其聪明的人。他来到国王面前问："如果我说出了一句话，你们既不能绞死我，也不能砍我的头，怎么办？"

"如果真是那样的话，我就释放你。"国王说。

那个囚犯说了一句话，果然十分巧妙。国王听了左右为难，但又不能言而无信，只好把这位聪明的囚犯释放了。

你知道聪明的囚犯是怎么说的吗？

（答案见113页）

蜗牛爬树答案：8天。第一天白天，蜗牛最高爬到3尺处，向下滑至1尺处；第二天，蜗牛以1尺为基础，向上爬，这天白天会爬到4尺处，同样晚上会滑至2尺处。以此类推，可得知蜗牛爬到10尺处的时间为10-2=8（天）。

猫捉老鼠答案：还是需要5只。5只猫5分钟抓5只老鼠，延长至10分钟，便可以抓住10只老鼠，当时间延长至100分钟，便可抓住100只老鼠。所以仍然需要5只猫。

加符号游戏答案：

$1\times2+3\times4+5\times6+7+8-9=50$

$1+2+（3+4）\times5+6+7+8-9=50$

$123-4\times5\times6+7\times8-9=50$

假设法

什么是假设法

假设法是一种研究问题的重要方法，也是一种创造性思维活动。

假设法就像在为自己指明一条道路，像茫茫大海中的灯塔。我们先假定那里有一座灯塔，然后根据我们已知的条件向这座灯塔前进。如果在行进的过程中，我们发现方向与我们已知的条件发生冲突，那么此假设就不正确；如果一致，那么此假设成立。

这种假设的方法并不是胡乱的猜测，而是在已知的基础上对未知的一个初步判定。许多科学理论、实验都是应用此方法获得成功的。

假设法案例

（1）三位专家对三家上市公司进行预测。

甲说："公司一的市值会有一些上升，但不能期望过高。"

乙说："公司二的市值可能下跌，除非公司一的市值上升超过5%。"

丙说："如果公司二的市值上升，公司三的市值也会上升。"

玩游戏

有一群逻辑学的同学举行了一场晚会，老师到场了，想和大家玩一个游戏。于是他关了灯，给每一个人都分一顶帽子戴上，并告诉大家这些帽子有的是黑色的，有的是白色的，白帽子至少有一顶。所有人不能交谈，不能取下自己的帽子看颜色。如果谁判断出自己的帽子的颜色是白色的话，就拍一下掌。

游戏开始了，灯亮了一下，所有人看了一圈，没有人拍掌。然后灯熄灭了。过几秒钟，灯又亮了一会儿，还是没有人拍掌，然后灯熄灭了。这样，直到第四次熄了灯之后，才听见一阵拍掌声。那么，有多少人戴着白帽子呢？（答案见117页）

难解的血缘关系

A、B和C间有血缘关系，而且他们之间没有违背道德伦理的问题。现在只知道他们当中有A的父亲、B唯一的女儿和C的同胞手足。但是C的同胞手足既不是A的父亲也不是B的女儿。你知道他们当中哪一位与其他两人性别不同？

（答案见117页）

国王与囚犯答案： 囚犯说的话是："你一定砍死我。"国王听了左右为难，因为如果真的砍了他的头，那么他说的就成了真话，而说真话的应该被绞死；但是绞死他的话，他说的话又成了假话，而说假话的人是应该砍头的。

三位专家果然厉害，一天后的事实证明他们都预言对了，而且公司三的市值跌了。以下哪项叙述最可能是那一天市值变动的情况？

A.公司一市值上升了9%，公司二市值上升了4%。

B.公司一市值上升了7%，公司二市值下跌了3%。

C.公司一市值上升了4%，公司二市值持平。

D.公司一市值上升了5%，公司二市值上升了2%。

E.公司一市值上升了2%，公司二市值有所上升。

【解题分析】

正确答案：C。我们先假设C为真，公司一的市值上升了4%，未能超过乙预言的超过5%，所以公司二的市值下跌。这里只是说了可能，也就是说有下跌的可能，并不是非常肯定。

题中叙述的市值持平说明，乙的预言成功。B的说法与丙的预言相互矛盾，所以错误。A、D、E可采用反证法推理，公司二的市值上升，根据丙的说法那么公司三的市值也上升，但是明显与题干不符。

（2）社区举办一次中国象棋比赛，有10名群众参加，比赛采用单循环赛制，每位参赛者都要与其他9名参赛者比赛一局。

比赛规则为，每局棋胜者得2分，负者得0分，平局两人各得1分。

比赛结束后，10名参赛者的得分各不相同，已知：

比赛第一名与第二名都是一局都没有输过；前两名的得分总

逻辑思考力：
从逻辑思考到解决问题的方法和技巧

和比第三名多20分；第四名的得分与最后四名的得分和相等。那么，排名第五名的同学的得分是：

A. 8分　　B. 9分　　C.10分　　D. 11分

【解题分析】

正确答案：C。

由题所知每场比赛产生的分值是2分。

计算得知比赛一共进行了45场。因此产生的分数总值是90分。

假设一个人全部赢，那么这个人最高分值是18分。由题干一得知第一名和第二名都没输过。那么可以推断出第一名最少有过一次和棋，这样算来第一名最多17分，第二名16分。

再根据题干二，前两名的分数总和比第三名高20分，所以第三名的分数为13分。假设第四名为12分，第七、八、九、十名的分数和为12分。第五名为11分，第六名分数为9分。因此。答案选D。

为什么假设第四名为12分，因为其他的假设都是错误的。

①⑰⑯⑬⑪（？）（？）（　）（　）（　）（　）倒数四名成绩一共是11分。

第四五名总分一共是22分，均分是11，矛盾。

②⑯⑮⑪⑩（？）（？）（　）（　）（　）（　）倒数四名成绩一共是10分。

第四、五名总分一共是28分，均分是14，矛盾。

四位过桥人

漆黑的夜晚，四位女士走到一座狭窄而且没有护栏的桥边。如果没有手电筒照路的话，大家是无论如何也不敢过桥的。很不巧，四个人一共只带了一只手电筒，而且桥窄得只够让两个人同时通过。如果各自单独过桥的话，四人所需要的时间分别是3、4、6、9分钟；如果两人同时过桥，所需要的时间就是走得比较慢的那个人单独行走时所需的时间。你能设计一个方案，让这四人用最短的时间过桥吗？（答案见117页）

一起谋杀案

希吉、里克、伊凡和康奇四名犯罪嫌疑人因一起谋杀案而被警方审讯。他们的口供如下：

希吉："是里克干的。"

里克："是康奇干的。"

伊凡："我没有杀人。"

康奇："里克在撒谎。"

这四个人中，只有一个人说了真话。那么到底谁是凶手？（答案见118页）

人口与头发

假设有这样一个特大城市，它的人口数量比城中任何一个人的头发的数量都要多，并且该城中没有一个人是秃子。那么，下面两个结论，哪一个是正确的？

A.与城中头发数量正好一样多的居民不存在。

B.城中至少有两个头发一样多的人。（答案见118页）

逻辑思考力：
从逻辑思考到解决问题的方法和技巧

逻辑思维训练法之假设法

有四个人戴了白帽子。假设有一个人戴了白帽子，第一次亮灯时，他会看到别的人都没有戴白帽子，但白帽子是至少有一顶的，所以他可以判断自己戴的是白帽子，那么，他将在第一次熄灯后拍掌，因为没有拍掌，所以说数量大于一。假设有两个人戴了白帽子，戴白帽子的人会看到另外一顶白帽子，但第一次熄灯后没有掌声，说明白帽子的数量大于一，所以戴白帽子的这个人会知道自己也戴的是白帽子，这样，在第二次熄灯后会有两次掌声，但是没有，说明数量大于二。由此推理下去，因为是在第四次熄灯后才出现掌声，所以说共有四个人戴了白帽子。

难解的血缘关系答案

C是唯一的女性。假设A的父亲是C，那么C的同胞兄弟必定是B，于是B的女儿必定是A。从而得出A是B和C两人的女儿，而B和C又是同胞兄弟，这是违背道德伦理的关系，是不容许的。所以，A的父亲是B，C的同胞兄弟是A。C是女性。

四位过桥人答案

假设这四人分别为甲、乙、丙、丁。甲、乙一起过桥用4分钟；乙留在桥那边，甲返回用3分钟；丙、丁一起过桥用9分钟；留在桥那边的乙返回用4分钟；甲、乙一起过桥用4分钟。一共是4+3+9+4+4=24（分钟）。

你把所有可能的方案都列举一遍，就会发现这是最快的方案。解决这个问题有一种思路是：应该让两个走得最慢的人同时过桥，这样他们花去的时间只是走得最慢的那个人花的时间，而走得次慢的那个就不用另花时间过桥了。

逻辑思维训练法之假设法

一起谋杀案答案：假设希吉说的是真话，那么就一定是里克干的，而伊凡又说："我没有杀人。"根据假设可知，他说的是假话，那么就是他杀了人，这与希吉说的"是里克干的"相矛盾，所以希吉说的是假话。如果里克说的是真话，那么与伊凡说的"我没有杀人"相矛盾。如果说伊凡说的是真话，那么里克和康奇的话又是矛盾的，所以只有康奇说的是真话。结论就是伊凡杀了人。说真话的是康奇。

人口与头发答案：假设城中没有头发数量正好一样多的居民。把所有的居民按其头发的数量由少至多作一排列，由于城中无一人是秃子，第一个人的头发的数量不会少于1根，第二个人的头发的数量不会少于2根；第三个人的头发的数量不会少于3根，以此类推，最后一个人是全城头发数量最多的人，他的头发数量一定不少于这个城市的人口数量。这和题目条件矛盾。因此，城中至少有两个头发一样多的人。

猜一猜：甲、乙、丙三人。甲说乙在说谎，乙说丙在说谎，丙说甲和乙都在说谎。请问，这三个人到底是谁在说谎？（答案见本页）

答案：甲和丙在说谎，而乙说的是真话。

倒推法

什么是倒推法

倒推法是从问题的结果出发，利用已知条件一步步倒着推理，直到求得问题答案的方法。

当一件事情从开始到结果经历了复杂的变化，这会让我们在推理时不知所措，但有些时候我们可以选择一种逆向思维，就是由结果向开始去推理。

人们虽然比较习惯于正向的推导，但有些问题即使能够使用正向的推导，得出的结论也不一定是正确的。

倒推法采用的逆向思维，很大程度上能帮助我们改变传统思维，站在不同的角度看待问题。

倒推法案例

（1）五个海盗分别抽签排出1～5的顺序，按顺序来说出方案该如何来分100个金币。但方案必须由大多数人同意才能通过，否则将被扔进海里喂鱼。那么，1号说出什么样的方案才能既获得最多的金币又能保住性命呢？

用烧香来计算时间

有两根香粗细不均匀，烧完的时间都正好是1个小时，你能用烧这两根香来确定45分钟的时间吗？（答案见本页）

守财奴的金币

一个守财奴有一袋金币，他每天都要数一遍，看看数量是否还对。他数金币的方法有点与众不同：他分别按照2枚一数、3枚一数、4枚一数、5枚一数、6枚一数，每次数完都剩下一枚。最后他再按照7枚一数，这次一枚也不剩了。请问，这个守财奴至少有多少硬币呢？（答案见本页）

用烧香来计算时间答案： 将这两根香其中一根两头点着，另一根一头点着。当第一根烧完后，为30分钟，此时第二根再点燃另一头，可以再烧15分钟，这样就可以用这两根香来得到45分钟了。

守财奴的金币答案： 我们可以先找出2、3、4、5、6的最小公倍数60。然后我们找一个比60的倍数大1的数，这个数还得是7的倍数。就试试$60n+1$，因为$60n+1$可以分解为$56n+4n+1$，其中$56n$能够被7整除，因此只要$4n+1$能够被7整除就可以了，这样可以知道$n=5$，金币数为$60 \times 5 + 1 = 301$（枚）。

逻辑思考力：
从逻辑思考到解决问题的方法和技巧

【解题分析】

这时候我们采用倒推法最为合理。

首先，我们由5号开始，不论前面每个人出什么样的方案，5号必然投反对票，因为，一旦前面的人都被扔进海里，那么5号就可独享100个金币。

4号也清楚5号的意图，4号只有支持3号才能保命。3号会一直投反对票直到自己拿出方案，因为最后只剩下3个人，而且4号为了保命必须支持3号，由此3号可以提出自己拿100个金币的方案。

2号肯定会抛弃3号，给4号和5号最少的1个金币，自己拿98个金币，这样4号和5号不得不支持他。

最后我们来说1号，那么1号只有放弃2号，提出给3号1个金币，4号或者5号拿2个金币，自己拿97个金币的方案。

这样，2号不会同意，3号肯定同意，4号或5号谁得到钱，谁肯定会同意。最后再加上1号自己的一票。这样1号的方案得以通过，获得了最大的收获。

（2）某村子有50户人家，每家都有一条狗。但是村子中有些狗染上了疯狗病，于是全村决定猎杀疯狗。规则如下：

只有确定为疯狗的狗才能杀。

杀狗时用猎枪，全村可听到，且村民中没有聋人。

每户人家只能看到他人的狗是否疯。

每户人家只能杀自己的狗，即使知道别人家的狗是疯狗也不能杀。

即使知道哪户有疯狗也不能说。

每人每天观察其他人家的狗是否为疯狗。

由此，第一天没有枪声，第二天也没有，第三天枪声响起一片。

那么第三天杀死几只疯狗？

A. 3只

B. 50只

C. 1只

D. 49只

【解题分析】

正确答案：A。

采用倒推法的话最为好解。假如有一只疯狗，那么第一天就应该有枪声，因为有疯狗的人家观察到其他人家没有疯狗，那么肯定是自己的狗。

如果有两只疯狗，那么观察后发现第一天没有枪声，这时意识到除了别人家的狗之外还有一只疯狗肯定是自己家的。

所以第二天会响起两声枪响。但题干中提到第二天没有枪声，以此类推，第三天会响起三声枪响。

正确答案为A。

逻辑思维训练法之倒推法

韩信巧妙点兵

韩信率领军队出征，他想知道这次具体带了多少士兵，于是下令让士兵们每10人站一排，排到最后缺1人。他认为这样不太吉利，又改为每9人站一排，可最后一排仍然是缺少1人；接着他又让士兵们改成8人一排，7人一排和6人一排……直到2人一排的队列，结果还是最后一排缺1人。你能得知韩信带了多少兵吗？（答案见本页）

猪妈妈如何救孩子

豺狼从猪妈妈手中抢走了它的小猪，当它要吃掉小猪时，想找一个好的理由，于是对猪妈妈说："我想问你一个问题，如果你答对了，我就把它还给你；如果回答错了，我就吃掉它。"猪妈妈很无奈。

豺狼问："猪妈妈啊，你说我会不会吃掉你的孩子？"

猪妈妈应该怎么回答，才能救了小猪呢？（答案见本页）

韩信巧妙点兵答案：他至少带了2519个兵。要想每排人都站齐，人数必须是每排人数的倍数，也就是说人数是10、9、8、7、6……2的公倍数，才能做到无论怎样排都是整排的。这些数字的最小公倍数为2520，所以韩信的士兵数量最少为2519人。

猪妈妈如何救孩子答案：猪妈妈说："你会吃了我的孩子！"这样回答，会使豺狼陷入两难境地。豺狼会想：如果我吃掉小猪，说明猪妈妈说对了，我得还给她小猪；如果我说不吃，那也得还给她。怎么办是好，还是还给她吧。

宝石的装法

一个财主对两个儿子说："我想把9颗宝石分给你们，你们把宝石全部装进4个袋子里，保证每个袋子都有宝石，并且每个袋子里宝石的颗数都必须是单数，谁能做到，我就给谁6颗宝石，另一个人只能得到剩余的3颗。"聪明的小儿子很容易就做到了，你知道他是如何做到的吗？（答案见本页）

莉莉是一个商店的收银员。一日下班后，她查账时发现现金比账面少了153元。她知道她并没有收错钱，只是记账单时，记错了一个小数点。她该如何从几百张账单中找到这个错数呢？（答案见本页）

有8枚硬币，排成十字形，如右图所示，横排有4枚，竖排有5枚，你能只移动其中一枚就使横排和竖排都有5枚硬币吗？（答案见本页）

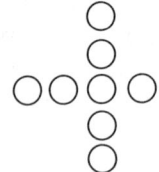

在第一个袋子里放一颗，第二个袋子放三颗，第三个袋子放五颗。最后，将任意一个袋子套进第四个空袋中。

如果小数点错一位，账面金额比实收金额多9倍，所以153除以9为17，错账是17的10倍。找到170元，改成17元即可。

把竖排除交叉点外的任何一枚硬币拿起来，放在交叉点的那个硬币上即可。

分析法

什么是分析法

分析法，即通过对事物原因或结果的周密分析，从而证明论点的正确性、合理性的论证方法，也称为因果分析。分析法是一个基本的方法，适用于其他方法的使用过程中。我们也可以说，分析能力的高低取决于一个人的智力水平，但这种能力并不是天生的，而是经过后天的训练逐渐形成的。

有时，我们需要做的就是通过事物的原因或者结果进行周密的分析，从而来证明论点的正确、合理。我们需要足够的细心、周密的思维。当分析一件事物时，找出其产生、发展的来龙去脉，这是需要缜密的思维来加以确定的，体现在日常生活中对客观事物进行分析的良好习惯。

分析法的关键是，能在思维中将客观事物进行分解，从而使每一个要素，每个方面独立存在，然后我们逐一进行考察分析，这有利于我们更好地了解全部细节。通常为两个步骤：分解客观事物和对分解出的客观事物进行分别考察。

分析法之所以能成为人们认识客观事物的一种重要思想，就是因为通常我们看到的客观事物是由各个不同的部分组合而成的，这样，呈现在我们面前的是一种笼统的、含糊的、直观的事物，我们很难了解其本质。就像一块培养皿中的物体，如果我们不用显微镜去看的话，凭肉眼是永远不知道这个物体的实质是什么。所以，分析法在这里就如一个显微镜，把问题细节化、简单化。从而我们就可以很容易地找到事物的本质。

使用分析法应注意的问题

首先，分析是建立在客观的基础上的，否则此分析毫无作用。其次，分析并不仅仅是从单一方面进行的，我们分解客观事物而得出的部分各有不同的属性，我们可以根据不同的属性，从多个方面进行分析。最后，就是分析应该有纵深，要从很多层次进行分析。

逻辑思维训练法之分析法

欢度圣诞节

泰森一家人在一起欢度圣诞节。他们是：一位祖母，一位祖父，两位母亲，两位父亲，一位岳父，一位岳母，一位儿媳，四个孩子，三个孙子，一个哥哥，两个姐姐，两个儿子，两个女儿。问他们最少是几个人？

（答案见127页）

教科书里的发现

某城市动物园的一只鸵鸟被人杀害后，还被剖了腹。警方得到报案后，了解到这是一只从非洲进口的鸵鸟，深受游人喜爱。警方一直弄不明白为什么有人会杀害这样一只鸵鸟。后来一个警察从他家孩子的地理教科书里找到了答案，案子很快就告破了。你知道他从地理教科书里发现了什么？

（答案见127页）

逻辑思考力：
从逻辑思考到解决问题的方法和技巧

逻辑思维训练法之分析法

教科书里的发现答案: 因为教科书里说非洲盛产钻石,于是他断定是有人用鸵鸟来运钻石,于是很快就锁定了作案的人群。

欢度圣诞节答案: 7个人。

福尔摩斯

泰晤士河畔的一座公寓里发生了一起凶杀案。罪犯十分狡猾,当福尔摩斯赶到作案现场时,发现连时钟都被砸碎了。侦探找到了一块碎片,长针和短针正好各指在某一刻度上,长针比短针多1刻度,看不出具体时间(如图)。但福尔摩斯却从中分析出了作案时间。你知道是几时几分吗?

(答案见130页)

如何过河

有个人要乘船把一只狼、一只羊和一篮青菜带到河的对岸。然而,他所搭的船只能容纳一个人、一只狼;或一个人、一只羊;或一个人、一篮青菜。假若没有人看守狼和羊,羊马上就会被狼吃掉。倘使没有人看守青菜和羊,青菜旋即会被羊吃光。请问如果你是这个人,怎样才能把人、狼和青菜带过河去呢?

(答案见130页)

作图法

什么是作图法

　　作图法是一种比较直观的方法，把知道的条件都画在一张纸上，这样，问题条件之间的关系我们就能够一目了然，这就可以轻而易举地解决问题。作图法适用于集合型的逻辑题。

作图法案例

　　（1）因纽特人全都穿黑衣服；北婆罗洲土著人全都穿白衣服；没有人既穿白衣服又穿黑衣服；H穿白衣服。基于以上事实，下列哪个判断必为真？

　　A. H是北婆罗洲土著人。

　　B. H不是因纽特人。

　　C. H不是北婆罗洲土著人。

　　D. H是因纽特人。

　　E. H既不是因纽特人，也不是北婆罗洲土著人。

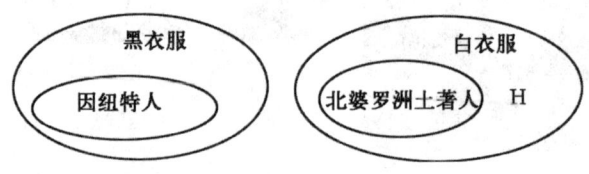

逻辑思考力：
从逻辑思考到解决问题的方法和技巧

【解题分析】

正确答案：B。具体画一个图比较形象直观，有利于解题。

这时候我们就发现，因纽特人是穿黑衣服的子集，而北婆罗洲土著人是穿白衣服的子集。而题目中提到没有既穿白衣服又穿黑衣服的人，那么也就表明在上图中，两个全集没有交集，而H是位于穿白衣服的全集中。

A显然不妥，因为除题目中涉及的两种人外还可能有其他穿白衣服的人。由图可发现C、D是完全不符合要求的。E在这里就显得有些狭隘了，因为H也有可能是北婆罗洲土著人。所以选择B最为准确。

（2）某人对业余体育运动爱好者的调查显示：所有的桥牌爱好者都爱好围棋；有围棋爱好者爱好武术；所有的武术爱好者都不爱好健身操；有桥牌爱好者同时也爱好健身操。

若上述调查结果都是真实的，则以下哪项不可能为真？

A.所有的围棋爱好者也都爱好桥牌。

B.有的桥牌爱好者爱好武术。

C.健身操爱好者都爱好围棋。

D.有桥牌爱好者不爱好健身操。

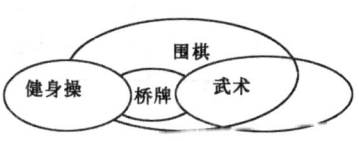

E.围棋爱好者都爱好健身操。

【解题分析】

正确答案：E。由题的条件得知，有围棋爱好者喜欢武术，武术爱好者都不喜欢健身操，以此来推出有围棋爱好者不喜欢健

期中考试的成绩

一次期中考试，老师将成绩分为甲、乙、丙三个等级。有四个学生，一人三科成绩都是甲；一人某科成绩为甲，某科成绩是乙，某科成绩为丙；有2人两科相同科目成绩都为甲；语文成绩中没有乙，丽华和蕾蕾的数学成绩相同；王倩倩的数学成绩和蕾蕾的英语成绩相同，新宇成绩中有一科为丙。丽华的数学成绩和新宇的数学成绩相同。这四个人的各科成绩分别为什么等级？

（答案见本页）

智力大比拼

电视台进行智力大比拼，有5个小组进入决赛（每组两名成员）。决赛时进行四项比赛，每项比赛各组分别出一名成员参赛，第一项比赛的参赛者是田、孙、程、李、王，第二项比赛的参赛者是郑、孙、田、李、周，第三项比赛的参赛者是程、张、田、钱、郑，第四项比赛的参赛者是周、田、孙、张、王，另外，刘因故四项均未参加。请问，谁和谁是一个小组？（答案见本页）

期中考试的成绩答案：

科目 姓名	语文	数学	英语
王倩倩	丙	乙	丙
新宇	丙	甲	乙
丽华	甲	甲	甲
蕾蕾	甲	甲	乙

福尔摩斯答案：作案时间是2时12分。

如何过河答案：先把羊带过河去。

智力大比拼答案：刘、田，李、张，王、郑，钱、孙，程、周。

逻辑思考力：
从逻辑思考到解决问题的方法和技巧

身操。所以E的论定是错误的。

（3）如果在上题题干中再增加一个调查结果：每个围棋爱好者都爱好武术或者健身操，那么以下哪个论断是错误的？

A. 一个桥牌爱好者，既不爱好武术，也不爱好健身操。

B. 一个健身操爱好者，既不爱好围棋，也不爱好桥牌。

C. 一个武术爱好者，爱好围棋，但不爱好桥牌。

D. 一个武术爱好者，既不爱好围棋，也不爱好桥牌。

E. 一个围棋爱好者，爱好武术，但不爱好桥牌。

【解题分析】

正确答案：A。

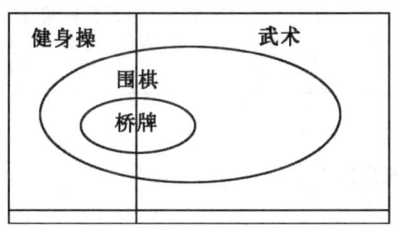

从以上条件得知，所有的桥牌爱好者都喜欢围棋，又得知每个围棋爱好者都喜欢武术或者健身操，推出每个桥牌爱好者都喜欢武术或者健身操，也就是桥牌爱好者，既不喜欢武术，也不喜欢健身操的情况。所以，A项的论断是错误的。

消防设备

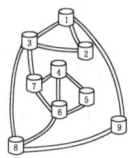

　　某地有九座仓库，为了防火，需在这些仓库中放两套消防设备。一座仓库放了消防设备，凡是与它连着的仓库都可以就近使用。请想一想，这两套消防设备应该放在哪里，才能使九座仓库都用得上？

情侣散步

　　一对情侣在散步，男子走两步等于女子走三步。开始的时候，他们同时迈出右脚，拉着手走。多少步之后，他们同时迈出左脚呢？

切割正方体

　　一个正方体，如果切去它一个面的四个角，那么它还剩多少个角，多少个面，多少条边？

本页题答案

　　消防设备应该放在仓库1和仓库6。

　　你只需要画个简单的示意图，便可得知他们永远不可能同时迈出左脚。

　　会出现多种情况，你可以根据切割的不同情况来自己数一数。

思维训练法之作图法

三户邻居

有三户人家是邻居，这三户人家都是三口之家：爸爸、妈妈和孩子。有三个爸爸，他们是老张、老王和老李；三个妈妈，分别是丁香、李平和杜丽；有三个孩子，分别为美美（女）、丹丹（女）和壮壮（男）。现在知道老张和李平家的孩子都参加了学校的女子健美操训练；老王的女儿不叫丹丹；老李和杜丽不是一家的。你能根据这些条件，说出每家分别是哪三个人吗？

连线问题

有九个点，如右图所示。如果用4条直线将这9个点连起来（要求这四条直线是连续的），应当怎么做呢？

5个正方形

右图是用20根火柴摆成的9个大小相同正方形。试试看，移动其中的3根火柴，放在恰当的位置后，使图中只有5个正方形。

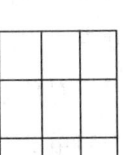

本页题答案

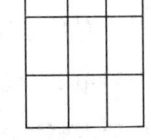

老王、李平和美美是一家；

老张、杜丽和丹丹是一家；

老李、丁香和壮壮是一家。

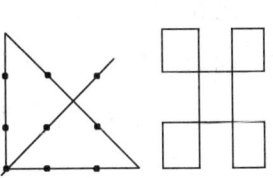

类比法

类比法是将一类事物的某些相同方面进行比较，以另一事物的正确或谬误证明这一事物的正确或谬误的方法。

比如，我们熟知的富兰克林风筝实验，正是富兰克林在使用类比法进行推理后的产物。

他将天空的闪电和地上的电火花进行比较，发现它们的特征非常相同：不仅发出同样颜色的光，而且都是快速不规则的运动，都能射杀动物，都易燃易爆。通过这样的类比，富兰克林由电机导线，想到了将天上的闪电导下来的风筝实验。

类比也分为不同的类型，我们可以按照不同的标准对类比法进行分类。

根据对象系统之间的关系所具有的形态，从低级到高级把类比分为简单共存类比、因果类比、对称类比、协变类比和综合类比等几种主要类型。

按照类比系统中模型的种类，把类比分为物理类比、数学类比和控制系统类比等。

两个对象之间的类似、相互联系和相互制约是类比方法的基础，但不等于类似就一定有联系。为什么要提到相互联系和相互制约，因为在两个对象之间不仅存在着相似性，同时也存在着差阳光：
紫外线

A.电脑：辐射
B.海水：氯化钠
C.混合物：单质
D.微波炉：微波

根据阳光与紫外线、海水与氯化钠的关系都是整体与组成部分的关系，故选出答案为B。

水：温柔

A. 热情：火
B. 火山：变化
C. 土：敦厚
D. 木：繁茂

题干是名词和形容词的组合，因此，可以排除A和B，进而可以选出C。

坚定：
信念

A.统一：思想
B.持续：发展
C.金融：工具
D.平原：草丛

题干两个词语是动词和名词的组合，选项中动名组合的可直接选出A。

异性，这可能是两个对象的固有属性，也可能是偶有属性。

在一定程度上说，类比推论是一种或然推论，它的结论不是绝对的。

为了能够在运用此方法时得到最确定的结论，我们最好寻找两个对象的更多一些的共同属性，同时被比较对象的共同属性是这些对象中最典型的、同它们的特殊属性密切联系着的属性；任意地选择出进行比较的属性应具有多样性，并且越是其属性本质的越好，共同属性与类推属性越是相关的就越好。

综合法

什么是综合法

综合法是分析法的一种递进。在分析法中将客观事物的各个部分逐一进行考察后，最后再使用综合法将它们综合起来，从宏观的角度对问题进行整体思考。这样的方法能确保我们在微观与宏观中都保持正确性。

综合法一般包括两个步骤：联合和整体考察。也就是说，先将分解后的各部分联合为一个整体，然后在这个整体上进行全面的考察。

任何的客观事物都是由各个部分构成的统一整体，要全面完整地认识事物就要在分析的基础上加以综合。

分析并不是最终的目的，而是一种深入了解的手段。当我们在整体考察的时候，只有将每一部分都认识清楚，才能把握更深刻的问题关键。

同分析法一样，在综合法中我们也有几条应该注意的原则：

首先，必须承认事物是客观的，而不是主观臆想的。

其次，就是虽然我们考察的是整体，但我们还是需要找到内在的、本质的所在。

逻辑思考力：
从逻辑思考到解决问题的方法和技巧

最后，既然是综合考察，那么必须是全面的、多角度的考察，而不是单一的线性考察。

逻辑思维训练方法之综合法

北方某航道管理局小王提出一个提前通航的计划。领导说："河道被冰封住，如何提前通航?难道要造艘破冰船?"小王说："我这个计划靠太阳光!"想一想，小王提出什么办法能使河道提早通航?

通航妙招

每天上午，有一艘客轮从甲地出发开往乙地，并在同一时间属于同一个公司会有一艘客轮从乙地开往甲地。客轮走一个单程需要7天7夜。请问:今天上午从甲地开出的客轮，将会遇到几艘从对面开过来且属于同一个公司的客轮?

客轮

地球是围着太阳自转的。有一架直升机在广场中间起飞，停在空中不动，过四小时后降下来，直升机应落在哪里?为什么?

停在哪里

本页题答案

在河道上撒煤粉或黑土。因为，黑色物体吸收阳光中的热量较多，冰雪可早日融化。

从甲地开往乙地的客轮，除了在海上会遇到13艘客轮以外，还会遇到2艘:一艘是在开航时候遇到，另一艘是到达乙地时遇到的，所以，加起来一共是15艘客轮。

落在原地。因为，地球有引力，所以地球自转，停在空中的飞机也跟着转。

逻辑思维训练方法之综合法

一天张三来到亲戚家串门，不知什么时候下起雨来了，这时天色已晚，张三打算住下来。可是亲戚却不想留他，于是在纸上写了一句话：

下雨天留客天留人不留

张三看了后，明白他的意思，只是不好明说，他也没作声，只在上面加了几个标点符号：

下雨天，留客天，留人不?留!

亲戚一看，这句话的意思完全反了。无话可说，只得给张三安排住宿。

这句话除了张三这种标法外，还有三种标法，使它变成疑问、问答、陈述三种句式，请问你能标出来吗？

巧加标点

明朝永乐皇帝有一次命才子解缙在一把绘有西北风光画的扇子上题诗，解缙就题写了王之涣的《凉州词》：

黄河远上白云间，一片孤城万仞山。

羌笛何须怨杨柳，春风不度玉门关。

不料解缙一时疏忽，竟将诗中的"间"字漏写了，有人便暗中启奏皇上。永乐大怒，欲治解缙"欺君之罪"。谁知解缙不慌不忙地说："我这是依王之涣的诗意，另外做的一首词。"说罢便在诗中加上标点。永乐一看，果然成了一首完整无缺的词，于是解缙便得以转危为安。

读者朋友，你知道解缙是如何在缺了一个"间"字的王之涣原诗中加上标点的吗？

解缙化险

本页题答案

下雨天，留客天，留人不留？（疑问句）
下雨天，留客天，留人?不留!（问答句）
下雨天，留客，天留，人不留。（陈述句）

黄河远上，白云一片，孤城万仞山。羌笛何须怨，杨柳春风，不度玉门关。

计算法

什么是计算法

当逻辑判断涉及数学问题，也就是题干或者选项里含有数据或者和数据有关的叙述时，要将思路拓宽，敢于借助数学计算法来解题，不要认为数学方法不能解答逻辑题。

计算法案例

某健身俱乐部进行了一次减肥实验。在为期10周的时间里，参与者平均减肥9千克，其中女性平均减肥7千克，男性平均减肥13千克。健身教练把减肥效果的差异总结为参与者中的男性比女性在减肥前体重更重些。

以下结论哪个可以通过上文的描述推出？

A. 参加者中女性减肥前都比男性减肥前轻。

B. 所有参加者体重均下降。

C. 参与者中女性比男性多。

D. 参与者中男性比女性多。

E. 参与者中，男性减肥后都比女性轻。

【解题分析】

正确答案：C。

| 八仙过海 | 八仙没有水上行走的轻功，他们要过海还得坐船，但海边没有船，只有一只小竹筏，每次最多只能坐3人，这只竹筏子最少要几次才能把8位神仙渡过海去？ |

| 神机妙算 | 相传有一天，诸葛亮把将士们召集在一起，说："你们中间不论谁，从1～1024中，任意选出一个整数，记在心里，我最多提10个问题，只要求回答'是'或'不是'。10个问题全部答完以后，我就会'算'出你心里记的是哪个数。"诸葛亮刚说完，一个谋士站起来说，他已经选好了一个数。诸葛亮问道："你这个数大于512？"谋士答道："不是。"诸葛亮又接连向这位谋士提了9个问题，这位谋士都一一如实做了回答。诸葛亮听了，最后说："你记的那个数是1。"你知道诸葛亮是怎样进行妙算的吗？ |

| 出生年月 | 1993年的一天，一个男子说："今年我的生日已经过了，我发现我现在的年龄正好是我出生年份的那一个数的4个数之和。"你能推算出这个男子是哪一年出生的吗？ |

这只竹筏子最少要3次才能把八仙渡过海去。

对1024这个数一半一半地取，取到第10次时，就是"1"。根据这个方法，连续提10个问题，就能找到所需要的数。

这个男子是1973年出生的。注意：先估计大约年份为1970年左右，再根据数字和年份差相等的特征推算出结果。

本页题答案

采用计算法解析：设男性参加减肥人数为p，女性参加减肥人数为q。则有：9（p+q）=13p+7q

所以，q=2p 显然，女性参加减肥人数多于男性。

逻辑思维诡辩术，
和不讲理的人讲道理

懂得真逻辑，终结神逻辑

生活无处不诡辩

生活中，我们时刻都在和各种各样的人打交道，进行沟通。语言成为沟通彼此的媒介。也可以说，语言是思维的外衣。抛弃思维，人们与动物无异；失去语言，我们也无法进行正常的沟通。

虽然语言是我们必需的沟通方式，但某些时刻它也在给我们制造着麻烦。

比如，某君告诉你天空是黄色的，你立刻提出质疑。但随后他会用一大堆论据，证明天空确实是黄色的，你也就信以为真。

没过多久，某君又来告诉你天空是红色的，你提出几日前他的论断来反驳他。谁知当即被驳回，并且又列举各类根据，证明天空是红色的。

长此以往，他把天空当成了调色盘。每两天他就会提出天空颜色更迭的理论。最后你不得不敬而远之。

虽然这类人罗列出的"根据"和"理由"能使我们嘴上表示同意，但这些根据和理由是不能成立的。他们只不过是玩弄一些概念，搞些虚假或片面论据，做些歪曲的论证，目的是为自己荒谬的理论和行为做辩护。

几个诡辩的小故事

谁都有矛盾

甲："小孙和小赵在工作中配合得很好，没有发生过矛盾。"

乙："谁说没有矛盾！"

甲："请你说出他们有矛盾的根据来。"

乙："没有矛盾就没有世界，任何事物都存在着矛盾。他们两人怎么会没有矛盾呢？"

汽车前面的"快车"牌

一位乘客对公共汽车的女售票员说："你们这是什么车？不停稳就开门，不等人上完就关门？"女售票员理直气壮地说："你没看见车头挂的是'快车'牌吗？"

我的那一份就免了

一辆公共汽车开到某站，车下的人不等下车的人下完，便一窝蜂似的往上挤，突然，"哗啦"一声，一块玻璃被一个小伙子弄碎了。售票对他说："同志，你把玻璃弄碎了，要赔偿！"小伙子反问道："为什么要我赔？"售票员说："损坏了人民的财产就应当赔偿。"小伙子理直气壮地说："我是人民中的一员，人民的财产也有我的 份，用不着赔，我的那一份不要了。"

爸爸和儿子，到底谁聪明

A、B两个人都喜欢诡辩。有一天，两人争论起"爸爸和儿子哪一个更聪明"的问题。

A说：儿子比爸爸聪明，因为人所共知，创立相对论的是爱因斯坦，而不是爱因斯坦的爸爸。

B说：恰恰相反，这个例子只能证明爸爸比儿子聪明，因为创立相对论的是爱因斯坦，而不是爱因斯坦的儿子。

认识诡辩

诡辩就是有意地把真理说成错误，把错误说成真理的狡辩。用一句简单明了的话来说，就是有意颠倒是非，混淆黑白。

虽然我们也曾羡慕别人的铁齿铜牙，希望自己能在人际沟通中游刃有余，但我们似乎想得过于简单了。

例如，某人提了这样一个问题：

"老舍本名叫舒庆春吗？"

"对！"

"那老舍是北京人？"

"没错！"

"哦！那舒庆春肯定也是北京人了！"

"当然如此！"

大概很多人都遇到过类似的事情：学生时期，一个古怪的老师宣布下周进行考试，事先不通知考试的具体日期。

一旦在准备考试的那天早上大家知道"今天要考试"，那么这一天就不会考了。

同学们一下慌乱了，但有个同学却高兴地宣布老师不可能考成试了。

为什么呢？

首先，最后一天是不可能考试的，因为只有到了最后一天我们才可能知道这一天一定会考试。

既然肯定最后一天不能考试，那么考试的时间必须提前一天，

诡辩的智慧

爱因斯坦说的话总"没错"

爱因斯坦在斯坦福大学演讲时，给学生们出了一道题："有两位工人，他们同时从烟囱里爬了出来，一位是干净的，一位是肮脏的。请问他们谁会去洗澡?"

有学生立即回答："当然是肮脏的工人会去洗澡。"

爱因斯坦反问道："是吗?干净的工人看到肮脏的工人，他会认为自己身上一定也很脏;而肮脏的工人看到干净的工人，可能就不这么想了。我再问问你们，哪个工人会去洗澡?"

接下来有学生马上回答说："干净的工人会去洗澡。"

爱因斯坦笑着说："又错了，两个工人同时从烟囱里爬出来，怎么可能一个是肮脏的而另一个却是干净的呢?"

快把饭钱算给巴依

有一个穷人找到阿凡提说："昨天我在巴依开的饭馆门口站了一会儿，巴依说我闻了他饭馆里的饭菜香味，叫我付钱，我当然不给。他竟到喀孜跟前告了我。喀孜决定今天判决。你能帮我吗?""行，行!"阿凡提一口答应下来，就陪着穷人去见喀孜。巴依早就到了，正和喀孜谈得高兴。喀孜一看见穷人，不由分说就骂道："你闻了巴依饭菜的香气，快把饭钱算给巴依!""慢着，喀孜!"阿凡提走上前来，说道："这人是我的兄长，他没有钱，饭钱由我付给巴依好了。"阿凡提一边说一边从腰里掏出一个装铜钱的小口袋，举到巴依耳朵旁边了几摇，问巴依："你听见口袋里响亮的声音了吗?"

"哦，听到了!听到了!"巴依说。

"好，他闻了你饭菜的香气，你听到了我的钱的声音，咱们的账算清了。"

说完，阿凡提领着穷人大摇大摆地走了。

接着，同样的问题又出现了，所以又要提前一天。

以此类推，这样一一排除了几个最后一天，能够考试的时间也没有了。

但最后可想而知，我们没有一个逃脱考试的。

诸如此类巧舌如簧的分析也是数不胜数，这种论证分析不能说不严密，但结论却有悖直觉。

生活中，人们的思想沟通并不总是按照常规的思维方式进行的。那些胡搅蛮缠的人总会适时地蹦出来干扰我们。我们与快嘴利舌还是差了不少。

很多人先入为主的心理总是会被诡辩利用。比如"我们从未做过此类事情""德国人肯定不会同意这种想法""如果当年元朝的版图一直沿用至今，欧洲也是中国的一部分"。

由于某些讨论在引发前早已有了前提，那么由此产生的结论往往缺乏逻辑性和确凿的证据。因此，我们要在一个人的话语中找到矛盾之处，注意倾听来自各方面的意见。还需要有疑问的习惯，也就是当讨论者意见惊人的一致时，不妨立刻回到出发点，重新审视一番。

概念中的诡辩

模糊概念的诡辩

诡辩指在知道正确观点的时候，依然维持自己错误观点而继续辩论。"模糊概念"则是指在不知情的状况下，在某思维过程里，不自觉地把某一定义或是概念搞得混乱，以至于不知所云。

一个概念一旦形成，无论是它的内涵还是外延都有其一定的范围，是不容易混淆的。只有在这样的基础上人们的思想交流才有效。

可以说确定性是思维的首要表现，否则会严重影响人们的交流，对某一概念的不清楚，会导致人与人之间沟通的障碍。

举个例子，"个性化车牌"在前几年可谓红遍了京津唐地区，可最后为什么又叫停了，就是因为对"个性"这一概念的规定不够严密造成的。

"个性化车牌"按照常规的理解，是用 3 个字母和 3 个数字组成一个"体现个性的车牌"，这是这个概念的外延，而其内涵除了要求符合个人个性外，还需要符合法规、社会公德，也就是要符合理性。

可由于在制订这个概念时，制造者在其概念里没有强调符合理性这点，因此导致了在注册"个性化车牌"中更多的共性出现，

模糊概念的诡辩故事

天机不可泄露

　　三个秀才进京赶考，路上，向算命先生请教："我们此番能考中几个？"算命先生闭上眼睛掐算了一会儿，然后竖起一根指头。三个秀才不明白是什么意思。算命先生说："天机不可泄露，以后你们自会明白。"后来三个秀才只考中了一个，那人特来酬谢，一见面就夸奖说："先生料事如神，果然名不虚传。"

　　秀才走后，算命先生的老婆问他："你怎么算得这么灵呢？"算命先生说："这其中的学问可大了，竖一根指头，可以做出多种解释：如果三人都考中，那就是'一律考中'；要是都没有考中，那就是'一律落榜'；要是考中一人，那就是'一个考中'；要是考中两人，那就是'一人落榜'。不管哪种情况，都证明我是对的。"

买一送一

　　一日，阿顺上街闲逛，看到商店里有"买一送一"的广告，便抵挡不住这种诱惑。心想：有这么好的事情，可不能错过！

　　于是，他便高高兴兴地买了一台全自动洗衣机。但最后商家只给他送了一个漂亮的洗衣粉盒子，原来这就是商家口中的"买一送一"。洗衣粉盒是漂亮，但阿顺终归心里不是滋味。

某某旅行社的"×日双飞游"

　　某某旅行社这一阵子在搞"×日双飞游"。很多游客被这个促销活动吸引，纷纷下了订单。可是旅客们乘第一天的夜班飞机去，乘最后一天早班飞机回。实际上"×"日成了"×-2"日。旅客想对其讨个说法，可是按旅行社的计算也并没有什么错误。

而违背了初衷，比如很多车牌中都出现 001、168。

所谓的个性化无非就是发挥自己的想象，彰显个性。可是有些个性是不能提倡的，比如 sex001、usa911，这些都是不符合社会舆论的。

这样的现象就是对概念的模糊，所以其外延就会十分难以定夺和控制。假如责问那些不符合社会公德的"个性车牌"的车主，他们就会理直气壮地说："我没有违反要求和规定。"

为了避免这样的情况出现，我们最好要多问一下细节，也就是其本质属性的范围，以免造成误会，给自己造成不必要的损失。

混淆概念的诡辩

"混淆概念"指的是对于原本没有的东西，进行确切地描述，或者对不同概念的事物，却用相同的概念来定义。再者就是同一概念的不同使用，都会导致对方对于某一特定概念的混淆或是认知不清。在现实生活当中，往往体现为文字陷阱或者是浑水摸鱼的现象。

比如，古希腊诡辩家欧布利德曾有一段著名的诡辩之言：你没有失去的东西就还在你那里；你没有失去角，所以你就是有角的人。这便是典型的混淆概念的诡辩。

再比如，我们经常遇到这样的事情，看中了某辆汽车，由于没有现货，卖家提出预付订金，当我们付出订金之后，却不知商家已经改为了"定金"。到时候，要是我们反悔了，也就要不回订金了。像"订金"还是"定金"这样的事情还经常出现在我们日常生活的其他方面。

商家正是利用人们对"订金"和"定金"概念上的不确定，才使出这样的花招骗钱。

让我们看一下《现代汉语词典》里是怎样解释这两个词语的。"定金"是指已经签订合同后，双方履行各自义务的一种保证形式。作为合同依据，这部分的定金是不能退还的，直到合同终止，否则视为违约。违约者无权要求返回定金，反过来，要是收受方违约的话，就会双倍返还定金。

而"订金"是不受法律保护的，它只是一种买方和卖方的口头协议，并不能得到法律的支持。消费者交付订金之后，有权收回预先交付的订金，若商家违约，只需交还预付订金即可。

通过这些例子，我们不难看出，在当今生活中，这种玩文字游戏、混淆概念的事情比比皆是。值得提醒大家的是，在遇到大宗货物交易的时候，我们一定要杜绝此类文字陷阱的出现。要想杜绝这类浑水摸鱼的现象，首先要明确各个概念的内涵。

偷换概念的诡辩

一般来说，因为太过于明显地歪曲对方的想法，假想敌式的诡辩是一种愚蠢的方法。老话说，言辞是用来表达思想的，要是自己说的话和意思相违背，那就是凶险的前兆。举个例子：

一些数字上的偷换概念则比较容易，比如：

"3/6 等于 1/2 ？"

"对！"

"3/6 分母是 6 ？"

逻辑思考力：
从逻辑思考到解决问题的方法和技巧

"对！"

"那么 1/2 分母是 6？"

"这……"

所以在现实生活中，不管是与人打交道还是签订合同，一定要对方给你确定的答案才行，不能模棱两可，这样容易让对方偷换概念，有机可乘。

有一个青年跋山涉水，找到智者，目的是想学些深奥的知识。见到这位哲学家后，青年说明了来意。不料这位哲学家是位诡辩大师，几句话就把那青年弄得糊里糊涂。

哲学家："你是想学知识？"

青年："是的。"

哲学家："你已经知道的东西，是你想学的吗？"

青年："不，我不想学已经知道的东西。"

哲学家："那么，你是想学你不知道的东西了？"

青年："是的，我想学我所不知道的东西。"

哲学家："如果你根本不知道有马，你能想到要学习有关马的知识吗？"

青年："不，不可能想学关于马的知识，因为我根本不知道有马。"

哲学家："如果没有什么东西是你想学习的，那么，你来到这里又是为了什么呢？"

经过哲学家这番诡辩，这位青年被搞得一头雾水。

这位哲学家不愧为偷换概念的魔术师。

偷换概念的诡辩故事

我根本不认识孙中山

一位中学老师给学生讲中国近代史，在课堂提问时向某学生提出一个问题："你是怎样认识孙中山的？"这位学生居然回答说："我根本不认识孙中山。"全班同学听了回答哄堂大笑，老师也被弄得啼笑皆非。

一个人有三个头

某甲对某乙说："我能证明'一个人有三个头'。"乙说："愿闻高见。"甲说："每个人有一个头，没有人有两个头，一个人比没有人多一个头，所以，一个人有三个头。"乙虽然知道甲的论证是错误的，但不能指出错在何处。

爱情价更高

小伙子："你要这要那，不怕人家说你是高价姑娘吗？"姑娘："你没听人说：'生命诚可贵，爱情价更高'吗？价钱低了，还能叫爱情？"

面条我没有吃

某公擅长诡辩，又喜欢占小便宜。有一次他去饭馆吃饭，先要的是面条，服务员端来的是辣面，他不想吃，就让服务员换了一盘包子，吃过之后不付款就走。服务员对他说："您吃的包子还没有交钱呢！"此人说："我吃的包子是用面条换的。"服务员说："面条你也没有交钱。"此人又说："面条我没有吃呀！"气得服务员一时说不出话来。

肆意曲解的诡辩

听者对说话人的话做出歪曲原意的解释即我们所谓的曲解，它包括曲解概念和曲解判断。善意的曲解往往带有幽默的意味，如隋代《启颜录》里的一则笑话：

有一次，皇帝称赞郭璞的《游仙诗》写得好，石动甬听后说："我来写，肯定胜过他一倍。"皇帝很不高兴，就命他也做一首诗。石动甬说："这诗里有两句写：'青溪千余仞，中有一道士'。我的话就写成：'青溪两千仞，中有二道士'。这个不是胜他一倍吗？"

其实这里的"胜过一倍"的"一倍"是个不可量化的虚数，而石动甬却把它曲解为具体的实数。这种曲解就让我们不自觉地感到幽默的意味，所以皇帝听了他的诗忍不住哈哈大笑。

人们说出的某句话，通常包括两部分，一部分是话语的表面意思，另一部分则是话语隐含的需要听者体会的内容。这部分需要体会思考的便是我们所说的隐含。

我们在日常的人际交往沟通中，经常会遇到隐含现象。有的只可意会，不可言传，有的则是体会领悟后可以表达出来的隐含。当然，并不是我们所有的谈话都有隐含，否则我们的人际交往就变成猜谜游戏了。

肆意曲解的诡辩小故事

《韩非子·说林上》中有则这样的寓言：有人给楚王进献了不死药，主管通报传达的官吏把药呈献给皇帝。一个办事的官吏看到了就问："这个可以吃吗？"

"可以。"传达者回答说。

于是官吏拿过来吃了。楚王非常愤怒，命人杀了这个吃药的官吏。

官吏让人帮忙求情："我问传达者可不可以吃，传达的人说可以，所以我才吃的。罪过不在我而在传达的人。而且有人献不死药，我吃了却要被杀，说明是死药，是进献的人在欺骗大王。大王杀了没有罪的臣子，只能说明别人在欺骗大王，您不如放了我。"于是楚王放了他。

甲：何谓"先生"？乙：所谓"先生"，就是先出生的人，而先出生的人自然会先死。因此，当我们称呼某人为"先生"时，就意味着他要先死。简言之，即先生先死，先死"先生"。

肆意曲解，对于听者，曲解原意的情况是很多的，而对于说话者，他的沟通交际则是在做无用功。所以，在人际沟通中我们要尽量避免曲解他人的意思。如果是故意曲解，还会影响到说话者对听者的看法。例如：

领导说："工作的时候不准吸烟。"

"所以我吸烟的时候不工作。"青年工人回答道。

通过这两句对话，我们完全可以想象出这位青年工人给领导留下的是怎样的印象，而且这会对他以后的工作有什么影响。

逻辑思考力：
从逻辑思考到解决问题的方法和技巧

判断中的诡辩

故弄玄虚模糊判断

判断事物有两个标准，一个是断定，一个是真假。

作为推理的组成部分，判断是对事物有所断定的思维模式。

那如何断定呢？

首先要制定一定的逻辑要求，之后看其是否具有断定的内容，最后就要去肯定或是否定了。

真假，简言之就是虚实。在自定义的逻辑范围内，看判断对象是否反映了本质，包括性质和状况随着情况的转移，一切都要通过实践来检验。

而诡辩者为了达到目的，不惜用花招和手段，使自己话语的真假变得难以捉摸，让判断者无从下手。虚假判断得不到揭穿，人们就会陷入迷雾之中。

现在国内的许多出国中介就是利用这一点，打出"雅思只要4分就可以出国留学"的招牌，但是在学位上，就弄虚作假，有college 文凭和不是 college 文凭两种，很多人被这些专业术语搞得迷迷糊糊，只能任其摆布，最终拿回来的是假结业证。

故弄玄虚也是偷换概念的一种。比如拿一件赝品，经过别人

故弄玄虚的诡辩小故事

出国留学

X："我想咨询一下出国留学的问题。"

出国中介："你是想到FH读书吗？"

X："FH？"

出国中介："或者读双语的master？"

X："master？"

出国中介："还是念diplom？"

X："哦（晕了）……"

出国中介："我感觉你比较适合读双语的master。"

X："我也觉得……"

和小贩杀价

　　某游客被一小商贩拉到一个偏僻的地方。小商贩神秘地拿出一件皮衣，然后告诉游客这件衣服是走私来的水货，因此价格绝对低廉，只卖500元。游客便开始杀价，直接还价到260元，小贩一副将要被逼疯的样子。双方讨价还价，最终以280元成交，小贩表示出"忍痛割爱"。当游客欢欢喜喜地拿着衣服到处炫耀其物美价廉时，一个当地人突然告诉他：这是一件本地产衣服，最多值60元！

某某饭店的招牌菜

　　某某饭店属于高档消费饭店，小舟听说那里有很多不常见的菜系，便想带着女友一尝为快。

　　他们看着菜单上一个套餐的名字为：两个黄鹂鸣翠柳，一行白鹭上青天。窗含西岭千秋雪，门泊东吴万里船。心想真是太有诗意了。可服务员端上来他们点的菜后，才得知所谓"两个黄鹂鸣翠柳"是韭菜上俩鸡蛋黄；"一行白鹭上青天"是一片菜叶上铺一行切成片的蛋白；"窗含西岭千秋雪"是四根韭菜围一框，里面洒点碎蛋白；"门泊东吴万里船"则是清汤上浮点蛋花。

　　想避免自己因故弄玄虚而上当受骗，最好的方法是多问而且要问清楚。

逻辑思考力：
从逻辑思考到解决问题的方法和技巧

的语言加工就可以和真品以一样的价钱交易。经常可以看到有些衣服以次充好，说是什么大品牌的原单，其实就是从周边的服装作坊里拿出来的。真皮其实也不一定是真皮，纯羊毛也可能就是混纺的。

为什么有的人明明知道这是骗人的还会去买？这就是源于人的虚荣和好奇心理。这种浮躁的环境，很容易让故弄玄虚的人乘虚而入，最终得手。

比如，现在有些菜馆里的菜名都弄得很高雅别致，端上来无非就是土豆丝一类的家常菜，并没有任何新意。

还有一个普遍的现象就是现在流行的"标题党"。经常可以看到一些网站的论坛上说得神乎其神的所谓爆炸性新闻，点击打开之后其实就是过时的新闻。

含糊其词模糊判断

人类的沟通是由话语组成的，而话语又是由词组成的。像中国这样的文化大国，一个简单的词，必然会有很多的意思，也就有其独特的模糊性。

将一个词语搁置在不同的语境里，就会有更多的衍生意义。而准确的意思只能通过语境进行再次的推敲然后定夺。为了避免这种歧义的产生，多咨询无疑是最好的办法。

含糊其词的表述形式，有时在不同的场合，可以反映出人们对事物的认知程度。

含糊其词的诡辩小故事

巧嫁奇丑女

从前，有一个姑娘奇丑无比，不但脸黑脚大，而且又秃又麻。年方二八，正是出嫁的年龄，可是却没有一个小伙子愿意娶她。姑娘非常苦恼，她的父母更是焦急。

有个秀才很可怜他们，帮他们写了一份婚书，把姑娘的相貌做了巧妙介绍。然后，秀才悄悄叮嘱一番，让他们托媒人带上婚书去说亲。姑娘的父母立即照办了。

媒人物色好了一户忠厚人家，去为姑娘说亲，把带着的婚书递了上去。男家接过婚书，念道："麻子无，头发黑，脸大，脚不大，好看。"男家看完婚书，满口应承了这门亲事。

可是，男家刚把新娘娶进门就后悔了。他们怪女家欺骗了他们。

女家也是早有准备，理直气壮地指着婚书说："姑娘的相貌，婚书上写得清清明明白白，'麻子，无头发，黑脸，大脚，不大好看'，没有半句假话，你们也愿意了，怎么说是欺骗你们呢？常言说得好：'丑妻近地家中宝。'长得丑点儿有什么不好。你们既然把姑娘娶进了门，生米都成煮成了熟饭，想赖婚可不成！"

男家听完女家对婚书的解释，方知中了圈套，追悔莫及。

这个秀才所写的婚书，是个"可做出多种断句的论题"，它有两种断句方式。一种是："麻子无，头发黑，脸大，脚不大，好看"；另一种是："麻子，无头发，黑脸，大脚，不大好看"。男家由于没识破婚书中的含糊其辞的模糊判断，中了女家的圈套。

逻辑思考力：
从逻辑思考到解决问题的方法和技巧

古代，有人拎着一只獐和一只鹿，来问王安石的儿子，说哪一只是鹿，哪一只是獐？年纪还小的王元泽根本不知道什么是獐？于是答道，鹿在獐边上。这就说明模糊语言可以在一定环境里有一定合理性。

有一次，苏东坡在家设宴招待客人，席间米元章说："大家认为我是轻狂的，你觉得呢？"苏东坡只是淡淡地回答一句："我是个从众的人。"

在是与不是之间选择，有时巧妙的模糊也是一种策略。

像苏东坡这样的回答，隐藏了自己明确的态度，这也是一个巧用模糊语言的例子。

日常生活中到处都是语言模糊的现象。比如一些药品说明书上的用语不规范，儿童酌情减量，到底减多少？没有明确提示。而如果是刻意的模糊，就变成诡辩。

要想避免被各种花言巧语所蒙蔽，你就要保持自己头脑的清醒，不要因为一时的兴奋，被含糊其词的话语所欺骗。

现在的楼盘广告就是一个很好的范例。随着房地产的成长，造势的广告犹如春笋一般，很多表述上都十分模糊。比如距地铁10分钟，可是并没有表明是步行还是开车。所谓的一步之遥事实上却很可能是遥不可及。

闪烁其词模糊判断

人在有意识的情况下，用避免关键问题来摆脱自己的困境。

在要表达是对是错的情况下，不能对问题做出明确的回答，这也违反了排中律最基本的逻辑要求。

在日常生活中，闪烁其词的现象还是屡见不鲜的，其中有些诡辩是情非得已的。鲁迅曾说过这样一个故事：

在一个新生儿的满月酒会上，来了众多的亲朋好友，大家纷纷前来祝贺，希望孩子能够健康成长。说得好的人，就可以喝一杯喜酒。这时，有个人走过来看着新生儿说："这个孩子将来是要死的。"结果被孩子的家长狠狠地教训了一顿。

说喜庆恭维的话，可以捧得别人开心，说一些不好的真话则会受别人的排斥。而想说真话的聪明人会这样说："这孩子啊，哈哈，哈哈……"

"这孩子将来是要死的"是在挑战人们的认同，在是与不是之间做选择，同样也是一种逻辑选择。假如闪烁其词的话，那就违反了排中律的逻辑，但是此时说假话并不能说明自己的逻辑判断有错误，只能说在特定的外在环境和语言环境里，这种有所回避的思维模式是可行的。

但是像"这孩子将来是要死的"这句话还是有问题的。因为在人际关系中，最基本的就是语言沟通，而语言又是一种逻辑复合体，有语法可循。

主题是什么，就是行为的本身，称之为语谓行为。

为了附和所要说的主题，而去陈述一个事实，围绕这个主题来否定其他的事情，不管是陈述、预测、劝告、祝贺，还是其他的，

闪烁其词的诡辩

里根的回答

美国前总统里根在访问我国期间，曾去上海复旦大学与学生见面。有一个学生问里根："您在大学读书时，是否就渴望有一天能成为美国总统？"

里根没料到学生会提这样尖锐的问题，但他却运用了闪烁其词的诡辩术，没有正面回答这个问题，而是说："我学的是经济学，我也是个球迷，可是我毕业时，美国约有1/4的大学生要失业，所以我只想先有个工作，于是当了体育新闻广播员，后来又在好莱坞当了演员。这是50年前的事了。"

陈毅答记者问

一次，一位西方记者在招待会上突然向陈毅元帅问道："听说，中国最近打下了美制U—2型高空侦察机，请问用的是什么武器？是导弹吗？"

陈毅元帅避开了这个敏感的话题，他用手在空中做了一个往上捅的动作，回答记者说："我们是用竹竿把它捅下来的呀！"话音刚落，一阵哄堂大笑。笑声中，记者们为陈毅元帅独特的外交幽默和智慧辩解而折服。

陈毅元帅的这种似是而非的答非所问，达到了既不泄露国家的重大机密，又活跃了记者招待会的气氛的目的，可谓一举两得。

都是服务于所表达者的用意，是一种旨意性的表述，也就是语旨行为。

话出口后，在听话者的身上产生的影响，就称为语效行为，也就是说话产生的效果。

在特定的场合里，我们要想准确地表达自己的思想，就要有准确的判断，大可不必用外交辞令来陈诉轻松的话题。所以在人际沟通的言语行为里，要符合形式逻辑要求的同时，还要符合语用逻辑的要求。

所以，在不同的场合，我们要依据恰当的条件来有所选取地表述。如上面例子里提到的，客人们来祝贺，这祝贺未必是真，虽然从将来的情况上看是符合客人的语句内容的，但这种话不符合祝贺的要求，不符合情理要求，不符合实质要求，由此判定这是不成功的交际语言行为。通过诡辩给自己开脱，只能是在掩盖自己说错话的尴尬了。

虚假判断的诡辩

我们在日常生活中，总能遇见一些人为虚假判断做辩护。

比如前些年常见的"假文凭"和"盗版光碟"的事件。

人们为了满足自己的虚荣心，经常会编造各种理由来为自己不道德的行为辩解。走在马路上，到处可以看到张贴着代为制作文凭的小广告。有的人拿着自己的假文凭毫无愧色地说道："不就是张假文凭吗？"

"不就是张假文凭"不但说明了某些人为虚假做的辩护，而且，由此发展成对自己一切不规范的行为进行开脱。又如一些招聘单位，只是给员工聘书，并没有签订劳动合同，在未到期限的时候，就以各种理由辞退员工。而开脱的理由就是聘书不等于劳动合同。

这种毫无道德可言的开脱已经违背了逻辑规则，真有些掩耳盗铃了。

但是对于这种无赖行为，我们真的就没有对策了吗？其实在《劳动法》中规定，劳动者可以向仲裁委员会提起仲裁，并且可以向法院提起诉讼。

混淆模态判断的诡辩

《战国策·齐策》记载：

一个楚国人举行大型的祭祀活动，事后分给办事的人一大壶酒。这些人就在一起讨论："这壶酒一个人喝不完，但是大家分又不够喝。不如我们比赛画蛇，谁先画完谁就能先喝酒。"

说完之后大家就一起画蛇，有个人很快就画完了，于是拿起酒壶对其他人说："你们画得真慢，就算我再给这蛇画上脚，你们也不一定能画完。"于是他开始给蛇画脚，没一会儿另一个人就画完了，拿过酒壶说："你见过有脚的蛇吗？"结果这个最先画完的人并没有喝到酒。

这就是"画蛇添足"的故事，这个先画完的人扬扬得意，于

混淆模态判断的诡辩小故事

有个人很怕老婆，自己买了张彩票，回来就开始算计这500万元大奖该怎么花。他老婆就问他："你就那么肯定能中奖？""完全有可能！"于是就开始算计，先买一座楼中楼；之后还得有一辆豪华轿车；全部置备妥当后自己就是个有钱人了，零花钱也自然不能少了，于是蹬鼻子上脸地要求老婆给他涨零花钱，老婆自然不给，两人为此还大吵了一架。

结果后来真的中奖了，奖金是5元钱。老婆的脸都绿了，接着便听见拳打脚踢的声音。

彩民的生涯

透析彩民心态

对于所有买彩票的人，按照概率必然会有人中奖，但是当这件事只针对一个人的时候，那必然是偶然的。也就是说：这个人可能会中大奖，也可能不中。

还是按照上述的模态之间的相互真假制衡关系，"可能不中大奖"等值于"不必然中大奖"，"可能中大奖"等值于"不必然不中大奖"。所以，"偶然中大奖"并不仅仅是"可能中大奖"，"必然中大奖"更是无稽之谈。而上面故事里的那位"怕老婆先生"，就忽视了这种模态判断间的等值真假关系，他把"偶然中大奖"限定到了"可能中大奖"，而后又把"可能中大奖"和"必然中大奖"混同，然后就开始跟老婆要求涨零花钱，所以老婆和他吵架就太正常了。

逻辑思考力：
从逻辑思考到解决问题的方法和技巧

是就开始给蛇添了一双脚，这时他已经是在节外生枝了。

人们不可能一开始就对很多客观事物的认识十分明了，所以，当你听到他们的判断时，也不要急于一下子就十分肯定或者十分否定。人们的认识本身就是一个不断加深的结果，比如对"海底捞针"的"有可能"和对"水中捞月"的"不可能"就是如此。这种认识涉及如何认识模态判断的内容。

断定事物情况的必然性和可能性的判断，我们称之为模态判断。他们包括必然非P（必然否定判断）、必然P（必然肯定判断）、可能非P（可能否定判断）和可能P（可能肯定判断）。当然这四种关系之间也有联系，有真假关系，它们的等值关系包括：

必然P等值于不可能非P；必然非P等值于不可能P；

可能P等值于不必然非P；可能非P等值于不必然P。

通过上述模态之间的相互真假制衡关系，我们可以知道，"画蛇添足"者的"不一定画得完"不能推出"一定画不完"，只能是"可能画不完"的结论。但他却自作聪明地认定对方一定是画不完的，结果本来是自己的一壶酒却因为自己混淆模态判断的诡辩，白白地送给了人家。

混淆时态判断的诡辩

从前有个人的妻子为他生了个大胖小子，把他高兴坏了，过年时他抱着儿子、领着媳妇去丈人家拜年，饭吃得很融洽。但是回来后这个人却要把妻子休掉，妻子问他原因，他说："我看你妈满脸都是皱纹，所以将来你肯定也是那样，所以还是趁早休了你。"

过去怎样，现在怎样，将来怎样，是事物发展变化的进程，因此人们也有了事态判断，并以此来表达事物的这种发展变化。

"过去是P""过去曾总是P""将是P""将来总是P"就是事态判断的四种基本形式。

时态判断之间同样有真假关系的相互制约，它们的等值关系为：

将来总是P等值于并非将是非P；将来总是非P等值于并非将是P；将是P等值于并非将来总是非P；将是非P等值于并非将来总是P。

过去曾总是P等值于并非过去非P；过去曾总是非P等值于并非过去是P；过去是P等值于并非过去曾总是非P；过去非P等值于并非过去曾总是P。

过去如何不等于现在如何，同样现在怎样也不会等于将来怎样，这是由于事物是在发展变化的。同理，将来如何不等于现在如何，现在怎样不等于过去怎样。那个休妻人的诡辩就是将时态判断故意混淆的诡辩。现在就是现在，不能把它等同于将来，他把将来时态的妻子和现在时态的妻子混同。

其实这种类似的诡辩，在先秦时期就有人提出过。那时候的一些辩者提出"子死不忧""孤驹未曾有母"的论调。

这种诡辩在两千多年前就被前秦的典籍《墨经》驳斥过，而

逻辑思考力：
从逻辑思考到解决问题的方法和技巧

混淆时态判断的诡辩小故事

子死不忧

　　战国时期，在梁地有个叫东门吴的人，他的儿子死了，可他却不忧伤。后来宰相就问他："你的儿子很有才华，现在死了，你一点都不悲伤，为什么？"

　　这个东门吴说："我以前没有儿子，那时也没有忧伤，现在儿子死了，和没有儿子的时候一样，我为什么要忧伤呢？"

　　这是一个典型的混淆过去时态判断的诡辩。以前没有儿子是对过去时态的判断，然而这里面却包括两个事态的判断，即现在没有儿子的时候和过去没有儿子的时候，这两个事态是完全不同的。

　　以前没有儿子，所以不存在父子之情；而儿子死的时候这种关系就已存在了，由于现在没有儿子不等于以前没有儿子，所以由过去不忧愁推出现在不忧愁显然是不成立的，所以得出"过去不忧愁"真时，"现在不忧愁"真假不定，还可知道，"以前没有儿子时不忧伤"与"现在没有儿子不忧伤"之间不存在必然的推导关系。

且从时态上也给出了两个"无"的概念：一种是"有之而后无"，就是曾经有过，后来没了；另一种是"无之而无"，即从来没有。而且后一种"无"还说道，已经拥有过的，就不能当作没有来看待。

复合判断推理的诡辩

联言推理、选言推理、假言推理是复合判断推理的三种形式。这里将依次介绍这三种形式的判断。

（1）联言判断是联言推理的前提和结论，并且进行推理也必须根据联言判断的逻辑性质（联言支必须全真），它包括以下两种形式：

a. 分解式：如果 p 并且 q，那么，p（q）。

从总体到部分，比孤立地只谈一个结论，收到的效果更好，这便是分解式联言推理的特点。

b. 组合式：p、q，所以，p 并且 q。

（2）选言判断是选言结论前提中必须有的，进行推理也必须根据选言判断的逻辑性质（选言支不能同假，至少有一真），它有两种形式：

a. 相容选言推理：

否定肯定式：并非 p（或并非 q）；或者 p 或者 q；所以 q（或 p）。

b. 不相容选言推理：

肯定否定式：p（或 q）；要么 p 要么 q；所以并非 q（或并非 p）。

有关错误复合判断推理的两个小故事

钻空子的罪犯

从前有个国王想当场处死一个罪犯，罪犯请求国王宽恕他，国王说："你犯了大罪，我是宽恕不了你的，我只同意让你选择一种死法。"罪犯便很高兴地说："我选择老死。"

解析

国王当时是想当场处死这个罪犯，但是国王却给出一个穷尽一切死法的选择，当然包括未来的老死。由于前提的语言模糊，罪犯自然很高兴，于是钻了空子。

法官的命令

为了使某个死刑犯对死亡感到恐惧，法官发布了这样的命令：这个死刑犯必须在第二天与第七天黄昏之间处决。不过，若是他在执刑的当天早晨得到消息，那么就不处死他。囚犯在知道这个消息后非常高兴，觉得自己可以逃离死亡了。

解析

其实这是一个演绎推理时存在的逆向归纳驳论法，我们称为"语言驳论"。它的结果是违反直觉的，但是推理过程是符合逻辑的。这便是"自以为是"的诡辩。我们知道，我们可以把任何一天当作规定的执行日期。如果死刑犯对此提出："因为我已经知道了今天要执行规定，按规定的前提条件，所以今天就不能执行规定了。"我们便可以这样说："如果是这样，就证明你并没有想到今天要执行规定，所以今天是可以执行规定的。"

否定肯定式：并非 p（或并非 q）；要么 p 要么 q；所以，q（或 p）。

（3）假言判断是假言推理前提中必须有的，并且进行推理必须根据假言判断的逻辑性质进行。它有三种形式：

a. 充分条件假言推理：

肯定前件式：p；如果 p，那么 q；所以，q。

否定后件式：并非 q；如果 p，那么 q；所以，非 p。

b. 必要条件假言推理：

否定前件式：并非 p；只有 p，才 q；所以，并非 q。

肯定后件式：q；只有 p，才 q；所以，p。

c. 充分必要条件假言推理：

事实上，这个推理是上面两种假言推理的组合。

人们在人际交往的沟通过程中，会进行各种各样复杂的组合判断推理。但是，有时候某些推理会隐藏很多令人感到迷惑的问题，这便需要我们动用思考的力量来深究其中的寓意。

因果关系的想当然诡辩

一个小伙子在一个人来人往的地方叫卖：

"卖龟喽，卖龟喽，便宜的乌龟。千年王八万年龟，能活万年，快来买啊！"

有个人一看龟挺不错的，还能活一万年，就买了一只回家。

结果第二天一早乌龟就死了。他气冲冲地到市场去找那个卖龟的人，愤怒地说："你不说乌龟能活一万年吗？怎么一晚上就死了？你这个骗子。"

卖龟的人却不慌不忙地回答道："呵呵，如果是这样的话，那么，这个龟昨晚刚好到了一万岁。"

其实，这个卖龟人的话是毫无根据的，只要让他拿出"这只乌龟昨天晚上刚好活了一万年"的证据，他的谎言也就被揭穿了。

在思维的过程中，逻辑学认为，必须有充足的理由，某一个思想才能被确定。我们称为充足理由律。同样的，揭穿诡辩最有力的武器就是拥有充足的理由，诡辩观点往往缺乏足够的理由，所以，你只要有可靠的证据、充足的理由，就可以在辩论中确定某一思想的正确性，从而在辩论上战胜对方。

诡辩有几种形式是违反充足理由律的：

（1）虚假理由的诡辩。即诡辩者用来证明其辩论正确性的

因果关系的想当然诡辩的几个小故事

循环论证的诡辩

甲："只有一生不说一个谎的人才算诚实。" 乙："不一定，有时候说一些善意的谎话是为了保护他人。"甲："那绝不是诚实的人！"乙："为什么？"甲："因为只有一生不说谎话的人才是诚实的人。"

推不出来的诡辩

有一个人去看牙，装完假牙后他给医生假钞结账，结果医生把他告上了法庭，那人在法庭上诡辩说："我装的牙也是假的啊，为什么不能给假钞？"

强词夺理的诡辩

有个人在商店门口被地上的一个小井盖绊倒了，于是他就大声责骂店主："你为什么故意在商店门口放一个井盖让我摔倒？"店主说道："这个井盖好几年前就在这里了。"而这个人却说："我的腿长在我身上好几十年了。"

理由是假的。

（2）预期理由的诡辩。诡辩者用还没有被证明的命题，来证明自己论题的真实性。

（3）循环论证的诡辩。诡辩者的论据本身就没有得到证明，却用来证明其他的论题，其结果只能是什么都没有证明。这种翻来覆去、没完没了的诡辩违反了充足理由律。

（4）推不出来的诡辩。诡辩者的推断和理由一点联系都没有。

（5）强词夺理的诡辩。诡辩者蛮不讲理、胡说八道，论证缺乏真正的理由。

逻辑思考力：
从逻辑思考到解决问题的方法和技巧

反驳中的诡辩

人身攻击的反驳

甲乙两个人一起看电影，看完后，甲说："这片子男主角演得真不怎么样。"乙说："你去演会比他演得好吗？"

在辩论中故意转移话题去攻击对方的能力、人格，甚至去讥讽、嘲弄、挖苦对方生理上的缺陷，这种诡辩就是"人身攻击"，我们如果要反驳别人的观点，就必须揭穿这种性质恶劣的错误诡辩。

而且，乙的话也犯了"推不出"的错误，甲的演技虽然没有那个演员好，但并不代表甲不会看戏，甲演不好也不表示那个演员的表演成功。另外，乙并没和甲讨论演员的演技问题，而是偷换话题为让甲去表演。

"预期理由"的反驳

有个学校开展学雷锋做好事的活动，同学们个个都像小雷锋，做好事不留名。

有一天，班上的一个同学做了件好事，大家都不知道是谁。于是，该班的甲和乙就在一起讨论。甲说："我估计，这件事可

以守为攻反驳法与反唇相讥反驳法

有一次，一个美国记者见周恩来总理使用一支美国派克牌钢笔，问道："总理先生，您也喜欢我们美国造的东西？"周总理听了深知这话别有用心，于是，笑笑说："这是抗美援朝胜利后一位朝鲜朋友送的。当时我不想要，朋友说这是缴获的战利品，拿去做个纪念吧，于是我收下了。"周总理这番轻松地回答，让一个以胜利者自居的形象瞬间变为失败者，真是精妙。

周总理在此采用的回击方式为以守为攻反驳法，即不直接反驳对方的观点，而是另有论据，提出新论点。

晏子拜见楚王。楚王说："齐国没有人可派吗?竟派您做使臣。"晏子回答说："齐国的都城临淄有七千五百户人家，人们一起张开袖子，天就阴暗下来；一起挥洒汗水，就会汇成大雨；街上行人肩膀靠着肩膀，脚尖碰脚后跟，怎么能说没有人才呢？"楚王说："既然这样，那么为什么会派你当使臣呢？"晏子回答说："齐国派遣使臣，要根据不同的对象，贤能的人被派遣出使到贤能的国王那里去，不肖的人被派遣出使到不肖的国王那里去。我晏婴是最不肖的人，所以只好出使到楚国来了。"——选自《晏子使楚》

晏子用反唇相讥法回应楚王的辱骂或人身攻击，使楚王处于十分尴尬和狼狈不堪的境地，显示其浅薄无聊。

能是咱们班小刘干的。"乙非常有把握地说："不对，不可能是小刘干的。"后来经过确认后发现，这事还真不是小刘干的，是另外一个人。结果，乙得意扬扬地对甲说："你看！你说得不对，你还说可能是小刘干的呢！"甲顿时哑口无言。

有人因此认为乙的反驳是对的，甲确实说错话了。那么，甲最初的判断是不是错的？而乙对甲的反驳是对的吗？其实，这个问题并不难解决，只要我们有足够的逻辑知识。关于模态判断之间真假关系的知识在形式逻辑中告诉我们，"这件事可能是小刘干的"与"这件事确实不是小刘干的"，两者之间是反对关系：不能都是假的，但是可以同时成立，当后者是为真的时候，前者是真假不定的，所以不能用后者去否定前者。事实上乙对甲的反驳根本上犯了"预期理由"的错误。

偷换概念的反驳

鲁迅曾说：创作的基础是生活经验。生活经验是在"所做"之外，也包括"所遇、所见和所闻"。

鲁迅的意思是说，你写一个东西，虽然不必去亲身经历，但最好是亲历过。结果有人咬文嚼字说："写妓女还得自己去卖身吗？那么写杀人是不是要自己杀过人。"

那些反驳者把鲁迅先生的意思曲解了，鲁迅先生强调对于作品中的事情"不必亲历过"，而这些人犯了故意偷换论题和偷换概念的诡辩错误。

揭悖反驳法与归谬反驳法

揭悖反驳法

> 唐朝初年，庐江王李瑗谋反，唐太宗李世民杀了李瑗，把李瑗的爱姬留在了身边。
>
> 侍中王珪对李世民的做法不满，问道："陛下认为，庐江王纳姬是对还是不对？微臣心中弄不明白，所以大胆请教陛下。"
>
> 李世民说："杀了人，又抢了人家的妻子，是非已经十分明显，你何必这么问呢？"
>
> 王珪说："庐江王杀人夺妻，陛下以为不对。可是，庐江王因谋反被杀，他的爱姬却留在陛下身边。因此，我觉得陛下肯定认为李瑗做得对。"
>
> 李世民听了，便虚心纳谏，立刻把美女送出宫了。

王珪的批驳用了揭悖反驳法，指出李世民言行相悖之处，使他醒悟。

归谬反驳法

> 皇帝让李尚书进贡公鸡蛋。李尚书非常焦急，到哪里去找公鸡蛋呢？解缙听说后，对李尚书说："不要为难，我替老师去进贡公鸡蛋。"
>
> 解缙觐见。皇帝见他是个孩子，就问："李尚书怎么不亲自来？"解缙说："李尚书生息，在家里坐月子，不能来。"皇帝听了，笑道："世界上只有女人生息，男人怎么会生息？"解缙立即反问道："既然男人不会生息，公鸡哪会生蛋？"皇帝觉得有道理，进贡公鸡蛋的事就取消了。

解缙的批驳用了归谬反驳法，以皇帝"公鸡生蛋"的说法为依据，引申出了"李尚书生息"的荒谬结论，并把引申出的结论正面提出来。当皇帝反驳时，就导致了自相矛盾。

逻辑思考力：
从逻辑思考到解决问题的方法和技巧

有个单位领导批评某位党员说："现在我们的群众对党员意见很大，为什么？因为你们私心太重，你们把个人利益放在第一位。"底下有位党员小声嘀咕："你既然不考虑个人利益，为什么还要领工资和奖金？"

这个党员篡改了领导的意思，明明领导说党员不应该把利益放在第一位，他却说党员不应该考虑个人利益，而且还得出结论："党员不应该领工资和奖金。"显然他是在为自己的错误进行诡辩。

论据虚假的反驳

有个男人在大街上乱扔果皮、随地吐痰，被一位清洁工人制止。

这位年轻人立刻就不乐意了："我不扔东西，你们还干什么活？"

这个青年在反驳时有明显的逻辑错误："只有有人乱扔东西，你们清洁工人才不会失业"，这是一个必要条件的假言判断。他在反驳中使用了这条被省略的论据根据，必要条件假言判断的逻辑性质，可以断定它是虚假的，因为"有人乱扔东西"不是"你们清洁工人不会失业"的必要条件。

实际上，清洁工人除了打扫这些人为的环境污染外，还有大量的工作是清理垃圾、杂物和污水等。所以，他又犯了"论据虚假"的错误。这个青年人这样做，显然是对自己缺少社会公德的辩解，他是利用偷换论题和使用虚假论题的手段来拒绝批评，是在诡辩或狡辩。

模糊语境的诡辩

人们在交往的过程中，表达自己的主张观点，需要一定的语言环境，即语境：说话者，听话者，说话的时间、地点以及对话双方沟通具有的知识要素。

而"词语歧义"是指，因为听者不确定说话人传达的某个多义词具体要表达哪一种含义，所以做出多种意义解释的语言现象。虽然一个多义词有多种含义，但多数情况下，沟通双方都可以通过语境判断并确定其具体意思。

在我们的日常沟通中，语境还会影响到我们交际沟通的方向。举例来说：

明朝永乐二十二年的科举考试，状元为孙日恭，榜眼为邢宽。但是张榜的结果却是邢宽中了状元。为什么会出现这样的情况？原来负责给皇帝抄写小金榜的官员把孙日恭的"日恭"写得太紧凑了，就像"暴"字。

由于永乐帝朱棣的皇位是从他侄子那里暴力抢来的，所以他很忌讳和反感这个"暴"字。同时他觉得邢宽这个名字取得很好，有"刑政宽和"的意思。所以，孙日恭丢了状元名号，邢宽因为名字捡了个状元。

这种利用一词多义，故意模糊语境中的意思，就是模糊语境

模糊语境的诡辩故事

搬迁费引发的争议

　　某镇政府把它有所有权的一幢二层楼的公房，以3万元的价格，经过招标拍卖，卖给了甲某。五年后，甲某因为楼房拆迁，领取了十几万元的搬迁补偿费。这时，镇政府出面要求其返还十万元的"不当得利"，并将其告上法庭。原因是当年拍卖的不是整幢楼房，只是底层的几间。

　　法院调查发现：当初招标、拍卖、签合同的对象都是整幢楼房，而且当地的房屋买卖有一个特殊交易习惯：买卖整幢楼房时，习惯以底楼房间数作为登记房间数。基于此，法院判决镇政府败诉，甲某的搬迁补偿费归他所有。

　　法院对于此案的审理，就是通过还原其特定概念的语境，打破了镇政府的诡辩，维护了被告人的权利。

几字之差，状元错位

　　清朝末年 次殿试，朱汝珍取得了头名。但是慈禧太后因为害过珍妃，所以对"珍"字很敏感。还因为她最恨的康有为是广东人，朱汝珍也是，所以大笔一挥，把朱汝珍划掉，替补上了后面的刘春霖。因为她觉得"春霖"有"霖雨苍生"的意思，很吉祥，而且当年正逢旱灾，很需要雨水。就这样，因为几个字的差别，状元错位了。

　　任何正确有效的交际沟通所使用的概念都应该是自始至终保持同一性的，这样我们才能拨云见日，打破一切故意违反规则的诡辩。

的诡辩。

　　某报曾载有这样一则消息：年初，甲某向乙某借款1.3万元，年中还了1万。乙某向甲某出具了"甲某今还欠1万元整"的字条，一式两份。虽然上面有两人的签字，但没有写明是欠款收据，也没有"收款人乙某"的落款。后来，当甲某来归还余款时，乙某说还应该还1万元，并拿出了当时开具的纸条为证。

　　通常说来，还钱时，出具的应该是"收到还款多少"的收据，而不是"还欠款多少"的字条，这个是还款语境下约定俗成的规矩。但是纸条上一个"欠"字的存在，给了诡辩者利用"还"字的语音歧义模糊语境的机会。应对这类诡辩，我们只能通过还原其特定语境，以寻找彼时彼地的特定含义。

　　任何正确有效的交际沟通所使用的概念都应该是自始至终保持同一性的，这样我们才能拨云见日，打破一切故意违反规则的诡辩。

破局，提升一眼识破真相的思考力

有意和无意的区别

诡辩就是颠倒是非，混淆黑白的行为。但很多人分不清诡辩与谬误的区别。

谬误与诡辩有着本质的区别。谬误是无意形成的，而诡辩是有意的。说出谬误的人，自己也不知道那是错误的，还以为是真理。但是进行诡辩的人是有目的地歪曲事实。明明知道是错误的，却硬要把它说成是正确的；明明没有理，却把歪理装饰一番当作真理来用，以此达到自己的某种目的。

中国有个传统相声叫"卖布头"：话说北京城有个小贩在路边摆个摊卖布，边卖边大声吆喝："大家都来瞧瞧我的布啊，白的胜雪，黑的胜炭。"可是不管小贩怎么吆喝，就是没人过来买。没人买，怎么办呢?只好减价处理，从三块六一直降到两块，终于有人来买了。那人买完了还要求小贩再便宜点，小贩想便宜就便宜吧，反正我就赔本赚吆喝了。小贩吆喝来吆喝去，这么一来二去的，最后把布白送给别人了。小贩是过够了吆喝瘾，只是白白把布钱给赔进去了。显而易见，卖布小贩做的这是赔本买卖。不过他为了吆喝得痛快过瘾，赔的是自己的钱，却没有损害别人的利益。现实生活中也不乏像卖布小贩这样赔钱赚吆喝的事情，只是这些事情就不只自己赔点布钱那么简单了。

逻辑思考力：
从逻辑思考到解决问题的方法和技巧

对付诡辩者的两种辩论术

兑现斥谬诡辩术

有个自称占星家的骗子，说他能根据星辰来推算人的命运。一次，国王把他召去，问道："我能活多久呀？"骗子回答道："你还能活一年。"国王吓出病来了。

聪明的首相决心拆穿他的骗术。于是占星家又被召进宫，首相问他："你在世上还能活多久呀？"占星家装作推算的样子，沉思了一会儿，回答道："二十年。"首相下令："马上把他的脑袋砍下来！"这个骗子就这样丧命了。

国王见此情景，马上病好了。

兑现斥谬诡辩术是指诡辩者用兑现的办法来揭穿论敌那个貌似有理而又与事实明显相悖的观点，使其荒谬之处昭然若揭。

间接回答诡辩术

20世纪30年代丘吉尔访问美国时，一位反对他的美国女议员对他说："如果我是您的妻子，我会在您的咖啡里下毒药的。"丘吉尔狡黠地一笑，答道："如果我是您的丈夫，我会喝下那杯咖啡的。"

二战期间丘吉尔多次发表演说，力主与苏联联合共同抵抗德国。一位记者问他为什么替斯大林讲好话？他说："假如希特勒侵犯地狱，我也会在下院为阎王讲话的。"

丘吉尔没有直接说出自己的观点，而是用幽默含蓄的表达方式，把自己的观点寓于其中，耐人品味。

间接回答诡辩术是指在论辩中面对论敌的咄咄逼问，不从正面回答，而是从侧面曲折地做出解答的诡辩技巧。

比如有报道称某地方官员任职期间为了突出政绩，大兴土木扩建政府办公大楼，期间花费资金高达近亿元。

如此高的花费只为一个吆喝，这吆喝也太沉重了。官员的一声吆喝，老百姓要付出多少心血。这样的吆喝多了，老百姓的心都寒了。

都是赔本赚吆喝，但小贩的行为可以让我们会心一笑，面子吆喝却让我们深恶痛绝。区别在于这两种吆喝的目的和结果截然不同。一个是无心犯的错误，顶多算是谬误；而另一个是有意为之，达到自己官场晋升或者金钱交易的目的，称得上是诡辩了。

至此，我们发现谬误是主观上无意识产生的错误认识和错误行为，而诡辩是主观上故意违背客观事实和真理做出的行为。

逻辑思考力：
从逻辑思考到解决问题的方法和技巧

误解和曲解的区别

误解，关键字是"误"，指的是错误的理解。有可能是主观上认识与实际情况不一致，或者是对行为内容判断出现错误，或者表达意思与内心想法出现偏差，属于无意行为。

曲解，关键字是"曲"，指的是歪曲的理解。主观上故意歪曲实际情况，做出错误的解释和行为，属于有意行为。

沟通的双方误解了对方的意思，导致无法获得自己想要的信息。这样的沟通属于无效沟通，在日常生活中也会经常遇到。

在沟通的时候，语意表达有时候会产生歧义，造成误解。这个时候就需要借助当时的语境来帮助理解了。同样的词语在不同的语境下可以有不同的理解，但是具体的语境下的词语理解却是确定和不会混淆的。

有一个关于误解的经典小故事：有个人家里着火了，马上打火警电话求救。

消防员问："在哪里？"那人回答："在我家。"

"我问的是着火的地点，"消防员急了，"我要知道怎么样过去。"

那人听了也很着急："我家厨房着火了啊，你们不是开消防车来吗？难道司机不知道怎么开吗？"

沮卫融的故意曲解

楚王攻打吴国，吴使沮卫融率人前去试探楚军。楚将喝道："捆起来，杀掉，用吴使的血涂抹战鼓。"

接着，他们又问沮卫融："你来时占卜了吗？"

"占卜了。"

"占卜吉利吗？"

"吉利。"

"现在我要杀你，吉在哪里？"

沮卫融答："这正是吉利之所在。吴国派我来，本来就是试探将军的态度，如果将军发火了，那么吴国就将深挖护城河，高筑城垒；如果将军态度和缓，那么吴国的防卫就会松懈。现在将军要杀我，吴国获悉后一定会加强警戒，死我一个而保全了国家，这不是吉利又是什么？"

在这个故事中，如果脱离当时的语境，"在哪里"的问题是可以有很多种回答的。但把它放置到当时的环境下，这个问题就很明确了。回答者恰恰就是忽略了当时所处的环境来回答问题，所以才不得要领。而问话者也没有及时改变问话策略，突出当时的背景，导致整个对话没有获得有效信息。如果根据沟通的有效性分成几个等级的话，这种由于语句歧义造成的误解是最低等级的沟通。

而曲解则是在理解本意的基础上，故意歪曲原意。这样的行为往往招致说话者的厌恶和愤怒。在"杨二卖刀"中泼皮牛对杨二说的"杀人不见血"进行恶意曲解，最终招致杀身之祸。

真诚与强辩的区别

有人为了少走点路而在庄稼地里穿行。农场主人发现后便大声指责他，之后这个人就迅速往外走。结果农场主人更生气了："你还没踩够啊？还是老实地站着别动！等我过去把你背出来吧。"

在有些情况下，一些特定的思维方式所表现出的是一种特殊的沟通交际行为。也许其他人在看这些思维方式的时候会觉得很奇怪，但这是由于价值判断的表达不一样。所以这不是诡辩，相反还是非常可爱的地方。就像前面讲的笑话，农场主人在认真地"说理"，他的表达方式真诚地反映了他自身的价值判断。也有不少诡辩是非常在理的强辩。运用得好甚至可以招揽生意，有这样一个故事：

据报道，一位匈牙利商人和我国一家制鞋企业签订了一份合同，要订购八万双鞋，结果开箱收货的时候匈牙利商人惊呆了：所有的鞋都是左脚的。他赶紧追问厂商，而得到的答复是："汉语的'双'就是两个。"匈牙利商人没办法，只能再订八万双右脚的鞋。

的确，"双"这个字是有"两个"的意思，和"单"对应。而此时作为量词则是用于成对的东西，鞋厂老板只是片面地用了其

击破强辩的两种诡辩术

以谬制谬诡辩术

在美国废奴运动中，废奴主义者菲力普斯到各地巡回演讲。

一个来自反废奴势力强大的肯塔基州的牧师问他："你要解放奴隶，是吗？"

"是的，我要求解放奴隶。"

"那么，你为什么只在北方宣传？干吗不敢去肯塔基州试试？"

菲力普斯反问："你是牧师，对吗？"

"是的，我是牧师，先生。"

"你正设法从地狱中拯救鬼魂，是吗？"

"当然，那是我的责任。"

"那么，你为什么不到地狱去？"

> 以谬制谬术是指为了驳倒一个错误论调，先假设它是正确的，然后以此为根据，用语言或行为合乎逻辑地推出下一个明显是错误的结论，从而使对方的观点随之被驳倒。

攻击要害诡辩术

有个自诩知识渊博的青年，与相识两月的女友闲聊。姑娘为了试探虚实，中间插问了一句：

"听说过小草这个诗人吗？"

"小草很不错呀！"青年立即答道，"他是现代朦胧派诗人，我和他认识，我们谈得十分投机。"

接着姑娘冷冷地说："谢谢你的夸奖，小草就是本人，至今还没发表过一篇作品。"青年一愣，随即改口道："哦，我记错了，那是小花，我说的是小花！"

"《小花》不是一部电影吗？"

"哎，这你就不知道了！有部影片叫《小花》，有位诗人也叫小花。"尽管男青年口若悬河、高谈阔论，姑娘却黯然离去。

> 攻击要害诡辩术是指先让对方就某一事实或问题做全面性陈述，我方则注意观察、细心听取。当发觉对方可疑或有误时，我方发动突击、攻其要害。

中的一层意思，就一下子增加了八万双鞋的生意。这个强辩就是诡辩，老板是在"有理性"地强辩，虽然表面上"说理"都很"理性"，但却是对理性判断的谬用。

如果这种诡辩肆意延伸，肯定会对人际沟通造成困难，甚至使整个社会产生诚信危机。虽然那位鞋厂老板得意扬扬地增加了订单，但却在偏颇的"解释"下，无任何诚信可言，之后再没有接到过订单。

然而那些故意模糊语言，在合同、广告上设立陷阱的人，表面上以为是自己多获利润，其实给自己造成的损害也很巨大，这就是经济信用危机与社会信用危机。

看清思考盲点，清除决策障碍

我们小时候经常会有一些无意义的争论："这是我的！""明明是我的！""就是我的！""是我的！""我的！""我的！"

虽然现在我们长大了，以前的那些斤斤计较也已离我们远去，但在实际生活中，我们依然会碰到那些强词夺理、胡搅蛮缠的人。甚至有些时候对方滔滔不绝地说出他那些歪理的时候，我们气愤又无奈，感觉根本无法与之沟通。

当我们真的遇上这种"铁嘴"的诡辩时，应如何应对呢？

办法一：忍——他说什么都是对的。

办法二：躲——得了得了，你说的是真理。

办法三：你比他还能胡搅蛮缠——两人对着说去吧，别打起来。

办法四：跟他好好讲讲道理——理论一番。

中国一位圣贤邓析曾经说过："不该争辩的时候就不要说话，不能出头的时候就不要出头。"就是说你说了一些话，虽然是批评人家的，你也不应该叫人家感觉你是在批评。但是，黑格尔曾经指出："找碴儿要比理解肯定的东西容易。"不到万不得已的地步，我们不应该对这种"找碴儿"争论一番，那是为了保证我们能够顺利地进行人际沟通。

逻辑思考力：
从逻辑思考到解决问题的方法和技巧

当然，这是真正地和对方讲道理而非斗气。所以，不能一味采取妥协姑息的办法。有时为了保证正常地进行人际沟通，我们还是应该勇敢地站出来去和那些人争辩一下。

这将是我们选择的最正确的策略。我们必须明白对方为何如此"不屑"。当然我们必须保持头脑清醒，做到有足够的必要的知识，从而达到只和对方争辩道理，而并不与对方争吵的辩论状态。

而且还要注意的是，不光说的道理都在事情的重点上，还要用你的道理去分析和推倒他的诡辩。这样做也符合孔子说的：真正的智者是在自己的道理说完之后，对方能够心悦诚服还不会因此而记恨你。

对付胡搅蛮缠人的两种辩论术

　　萧伯纳成名后，一位著名的舞蹈家向他求婚说：
"如果你同我结婚，我们生下的孩子，将像你一样聪明，像我一样漂亮，那该是多么美好呀！"萧伯纳以他特有的风趣回绝道："如果你同我结婚，生下来的孩子长得像我一样难看，头脑像你一样愚蠢，那该多可怕呀！"

　　引申诡辩术是指针对论敌的某一论断，反其道而行之，从中选择与之尖锐对立的可能情况进行反驳。

同中求异诡辩术

　　求异诡辩术是指从相同或相似的两个事物中寻找出其不同点，以此作为进攻点去攻击对方。

　　有个乡下人进城，他一身土里土气的打扮引起众人注目。有几个年轻人围着他，边瞧边笑。其中一个问乡下人："请问，乡下是不是有很多傻瓜？"乡下人回答："嗯，走不远就能碰上一个，但乡下傻瓜不像此地傻瓜这样成群结队，到处瞎逛。"

逻辑思考力：
从逻辑思考到解决问题的方法和技巧

深度思考，有效解决复杂问题

伟大哲学家、数学家罗素曾经向人们提出过一个简单的问题："1+1等于几？"

我们不能用正常的思维去看待这个问题，我们给这个问题提供了无数种假设：它等于1、它等于零、它等于无限、它等于虚无、它等于永恒、它等于爱情等，总之我们是绝对不能"无知"地认为1+1只能等于2。

1+1的问题就连没上学的小朋友恐怕也知道正确答案。可是为什么我们会把它想得如此复杂、如此不着边际呢？人们在认知事物时无法与客观事物及其规律性相一致，这就是有悖于真理的错误认知，是人们的意识在"崇拜权威"的心态支配下做出的错误反映。

在现实社会的交往之中，很多人怀着"人微言轻"的心理，把自己放在一个相对不平等的位置辩论，尽管对诡辩有诸多不满也不能站出来。

所以，在现实的人际沟通中，清醒的头脑和健康的心态成了对付诡辩的最终要素。1+1等于2是任何人也改变不了的真理，对于真理，我们没有犹豫和顾忌，而面对诡辩和故意违反逻辑的现象，我们要坚定不移地把他驳倒。

我们的正道就在于不断地探索发现，不断地追求真理，不断

"人微言轻"的陷阱

顽固不化的
哲学家

中世纪的一位哲学家，他主张人的神经是在心脏汇合的，于是他被一位解剖专家邀请去参观一项人体解剖，即使他亲眼见到了人的所有神经汇集于大脑，他依然坚持说："如果亚里士多德没有在著作里说神经是从心脏中产生出来的，那么今天我一定会承认在这看到的是真理。"

美国心理学家们做过一个这样的实验：在给某大学心理学系的学生们讲课时，向学生介绍一位从外校请来的教师，说这位教师是国外有名的化学家。在讲课时，这位"化学家"煞有介事地拿出了一个装着蒸馏水的瓶子，说这是他新发现的一种化学物质，有气味，请闻到气味的学生举手，结果多数学生都举起了手。对于本来没有气味的蒸馏水，由于这位"权威"的"化学家"的心理暗示而让多数学生都认为它有气味。

这个实验反映了一种普遍存在的社会心理现象——权威效应。所谓"权威效应"，就是指说话的人如果地位高，有威信，受人敬重，则其所说的话容易引起别人重视，并相信其正确性，即"人微言轻、人贵言重"。

一旦陷入这种思维模式，我们将会养成一种懒惰的思考方式，从而不敢质疑，不懂得积极探索，失去创造能力，最终还会成为一台缺少独立想法的机器。

不容置疑的是
权威，还是僵
化的思维

地自我否定，永远保持开放的心态。我们可以暂时在某些理论和相对真理下停滞不前，但我们绝对不可以被先前的相对真理阻碍我们前进的步伐，相对的真理固然有很多理论去支持它，但是如果我们不敢推翻，就会陷入自己编织的科学陷阱里。

逻辑思考力：
从逻辑思考到解决问题的方法和技巧

升级思维知识，加快思考速度

逻辑思维与清醒的驳辩

邻居家几乎每天晚上都要打麻将，吵得人睡不了觉，便去理论：

"你天天晚上这样吵，叫别人怎么睡觉？"

"我影响别人，跟你有什么关系？"

"我也被你吵得天天睡不着觉。"

"那你们家厕所每天都漏水，滴答滴答的，也影响我休息了，麻烦你把厕所关上行不行？"

面对这种不讲理的人，我们就必须保持清醒的头脑、敏锐的洞察力和健康的心态，使自己不被蒙蔽并狠狠地斥责他这种"思辨把戏"，戳穿他的语言骗局。

清醒的头脑就是"思想要确定"，当面对不确定的知识时，要自始至终保持思想的统一，要合乎逻辑地去思考问题。其实逻辑学最基础的知识就是"思想的确定性"，即"清醒的头脑"。黑格尔在很早之前就说过了这一点："从事这种形式逻辑的研究，无疑有其用处，可以借此使人头脑清醒。"

许多科学都在研究思维，比如心理学、哲学、逻辑学，等

戳穿他人语言骗局的招数

析取命题驳辩术

美国前总统华盛顿年轻时，家里的一匹马被邻人偷了。华盛顿同一位警官到邻人的农场去索讨，但那人不承认事实。

华盛顿用双手蒙住马的两眼，对邻人说："如果这马是你的，请告诉我们，马的哪只眼睛是瞎的？"

"右眼。"

华盛顿放开蒙右眼的手，马的右眼并不瞎。

"我说错了，马的左眼是瞎的。"邻人争辩说。

华盛顿放开蒙左眼的手，马的左眼也不瞎。

"我又说错了？"邻人还想狡辩。

"是的，你错了。"警官说，"这证明马不是你的，必须把马交还给华盛顿先生。"

析取命题驳辩术就是列举几种可能情况，要求诡辩者从中做出选择，从而在论辩中运用析取命题及其推论形式来制伏论敌、巧妙取胜的方法。

借鸡生蛋驳辩术

电影《狭路英豪》里有这样一段情节：警察雷和罪犯陈（后证明无罪，是被冤枉的）在飞机上，空姐送来盒饭，罪犯陈故意把饭盒打翻，然后大喊："看！警察不让我吃饭，罪犯也是人啊！"

旁边的一位老先生对警察雷说："你要注意影响，飞机上有外宾，你不让罪犯吃饭，这影响可是相当恶劣的！"

警察雷觉得很委屈，趁陈不注意，他把空姐重新给陈换好的盒饭倒在罪犯陈的衣服里，陈却故作轻松地笑道："你现在也知道被冤枉的滋味了吧。"

借鸡生蛋诡辩术是指将自己要说明的道理，借用对方的思维，让他亲自参与，无形中帮你论证你要摆明的道理，而不用苦苦搜索证据。

逻辑思考力：
从逻辑思考到解决问题的方法和技巧

等。这是历史发展的必然规律，人们为了很好地进行沟通，正确地了解这个世界，就要对思维进行研究，它是一种人类自身的认知能力。

但是哲学研究思维的角度是认识论，也就是认识的来源和认识的发展过程。比如认识发展的过程，它是从主观的认识到理论的认识。它的过程则是认识—验证—再认识—再验证等。研究思维形式和思维规律的是普通逻辑思维。

至于心理学，则是研究思维的起始、发展的过程、规律及机制，它把思维当成一种心理活动去研究。由于逻辑思维方式是人类沟通中最基本的思维方式，而违反了逻辑思维的基本规律和规则，就全落入诡辩这种思维陷阱。

因此，逻辑思维常识，是我们必备的基本思维常识，运用逻辑思维，我们可以更清醒地认识诡辩、驳斥诡辩。

掌握逻辑学知识的目的

为什么我们要掌握逻辑学知识？

首先，我们要明白这一点：对于人们进行思维活动时怎样运用思维形式，思维规律提出了一定要求。只有遵守规律、符合要求的思维才有可能是正确的，否则会发生错误，比如诡辩。

而在现实生活中，人们在使用思维形式时，有的人使用正确，有的人使用错误；有的人遵守思维规律，有的人违反思维规律。另外，思维形式和思维规律是相对独立的，人们可以从不同的思维内容中将其抽取出来，使之与思维内容脱离，以便专门研究它，达到分清正确思维和错误思维的目的。

所以，为使人们可以提高认知能力，避免思维错误，拆穿诡辩陷阱，必须对思维形式和思维规律的基本知识进行认真学习。

总而言之，我们需要掌握分析、驳斥诡辩的能力，就要学习相应的知识。若要获得更好的效果，除了需要掌握普通逻辑思维知识以外，还需要懂得某些方面的知识，比如辩证逻辑、语言逻辑、批判逻辑以及心理学，等等。

正如唐代学者韩愈在《进学解》中提到的："记事者必提其要。"面对庞杂的思维科学体系，只有掌握了合适的方法，才能正确有效地学习思维科学。

荀子在《劝学篇》中感慨，"若挈裘领，绌五指而顿之，顺者不可胜数也"。这句话移植到逻辑科学中，可以这样理解：确定的思想是逻辑思维的关键；具体的思想是辩证思维的关键；质疑的思想是批判性思维的关键。

所谓"工欲善其事，必先利其器"。掌握了上述要领，才能掌握逻辑思维科学知识，并熟练加以运用。如此一来，我们才能在人际交往的过程中保持清醒的头脑，辨明、清除诡辩，用扎实的思维科学知识，坚持使用正确的思维方式。随时保持质疑的态度，从思维的确定性、具体性、语言学的角度，分析、清除诡辩，使之无处藏身。

缺乏逻辑思维，笨嘴笨舌者的苦恼

气死人了

甲：某某也是的，对人特别冷漠。

乙：是啊，有一次，我发烧，他竟然说我"活该"。

丙：你俩还不如他善良呢！

甲和乙听完这话，脸都绿了，却说不出话来！

天的颜色

几个同学一起讨论"天是什么颜色"，有一个男孩说"天是黄色的"，并举出一大堆证据来论证。其他同学想一想，似乎有道理。又一日，几个同学说"天是黄色的"。然而某君又举出了一大堆根据，证明"天是红色的""天也是黑的"。很多天后，当男孩又想和几个同学讨论"天是什么颜色"时，"天爱是什么颜色都由它去吧！"几个同学落荒而逃。

拿出来看看

A对B说："据科学测定，人脑大约有一千多亿个神经元，贮存信息的潜力很大。但据研究分析，人只利用了自己大脑潜力的十分之一。"

而B却不冷不热地对A说："你拿一个我看看。"

A气得说不出话来。

透视诡辩目的，绕开思维陷阱

有个人不分早晚地在家弹钢琴，惊扰四邻。在万般无奈下，邻居们将这个人告上了法庭，但这个人在法庭上理直气壮地说："我这是在培养他们的高雅情操。"因为当时关于这方面的法律并不健全，所以只能让他们进行庭外和解，可是这个人回家后又整整弹了一夜的钢琴。其实做事应该有个限度，我们不仅要遵循法律，还要遵守社会公德。

新闻也曾披露过，芜湖市市委原常委、政法委书记周其东在审理期间，曾推翻自己的罪行，进行具有迷惑性的诡辩。他宣称自己收受贿赂只是礼尚往来，将其之前所招罪行描述为"精神恍惚的情况下做的供述"。甚至辩解道，作为一名熟悉侦查手段的机关干部，是不会傻到指使他人杀人灭口的。

听到这些诡辩，我们也许一时会上当受骗，被其迷惑。但是当我们具备了丰富的思维科学知识后，就可以使用正确的思维方式，轻松驳斥这样的诡辩，令诡辩者哑口无言。

综上所述，我们认识和了解诡辩的目的是：

第一，有力地和诡辩做斗争。诡辩阻碍了正常、顺利、有效的人际沟通，它是一种思维的陷阱。我们只有掌握了正确的思维知识后，才能够运用这些知识去驳斥诡辩。我们只有真的了解诡

两种反驳术

装聋作哑术

1953年6月，已七十九岁的英国首相丘吉尔，到百慕大参加英、美、法三国会谈。他借口年事已高，时常装聋，与美国总统艾森豪威尔和法国外长皮杜尔在一系列问题上讨价还价，使大家颇感头痛。

艾森豪威尔幽默地说："装聋成为这位首相的一种新的防卫武器。"

装聋作哑法即对对方的言行不做出相应的反应，置若罔闻，这样可以避开对方的锋芒，使对方在心理上产生茫然和失落的感觉。

抓住矛盾揭露谬误术

有一个老头想为小孙女做个小板凳，可是事情非常凑巧，他请来的木匠是个半路出家的，又不肯认真学艺，活做得特糟。木匠做完板凳后去主人那里讨工钱。老头说："你做的活太慢了。"

"你没听说吧，慢工出细活。"

老头说："你做的活不光慢，更重要的是质量太差，让我白贴了三顿饭，就把这个板凳给你抵工钱吧。"

木匠不干，分辩道："别把人当傻瓜，几块钱我不要，谁稀罕你这个丑凳子？缝又大、板又斜，四只脚都不一样齐，能值什么钱？"

抓住矛盾揭露谬误术，就是在论辩中，抓住论敌自相矛盾的地方，揭露其论题、论点、论据的谬误之处。

辩的伎俩，才能够轻松自如地去应付这些诡辩，从而做到"知己知彼，百战不殆"。

第二，在驳斥诡辩的过程中，提高思维能力。了解了诡辩的前因后果，我们就可以用"清醒的头脑"来进行正常的人际沟通，以批驳式的思维为前提，将自己的逻辑感觉培养成一种本能的逻辑意识，并经过思维训练，将这种自觉遵守真理的意识升华成一种逻辑精神。

第三，保持自己的立场。其实驳倒诡辩的关键也在于此。这个过程是为了让所有人都能够进行正确有效的人际沟通，从而在行动上得到真理，思想上获得自由。

不断逼近问题本质，
练就顶级思考力

透过现象看本质

和形象思维用头脑中的表象思考问题、和右脑进行思维活动不同，逻辑思维是运用逻辑来思考问题，它在左脑进行。逻辑思维的基本方法有分析、综合、比较、抽象、概括和具体化；主要通过演绎推理、回溯推理和辏合显同来实现。我们运用逻辑思维，能够在对事物的表象进行分析后发现事物的本质。

关于逻辑思维有一个很著名的故事——专家买猫。

一个经济学家在路上遇到自己的逻辑学家朋友。两人正在聊天的时候，旁边传来叫卖声："卖猫啦，祖传宝猫便宜卖。"经济学家兴致来了，就要跟逻辑学家打赌，看两人谁能用最少的钱得到最大的实惠。

卖猫人说因为小孩病重，没钱给孩子看病，才不得已出卖这个玩具猫的，这个猫是自己家的祖传宝贝。

经济学家看了看玩具猫，发现它通体漆黑，但猫眼格外耀眼，"可能身体是黑铁做的，但两只眼睛应该很值钱。"经济学家这样想着，便决定出手："我只要你的猫眼，300美元怎么样？"于是，经济学家用300美元买下了那两颗猫眼，他很得意地对逻辑学家说："我只用300美元就买下了一对罕见的珍珠，你认输吧。"

逻辑思考力：
从逻辑思考到解决问题的方法和技巧

透过现象看本质的思考过程

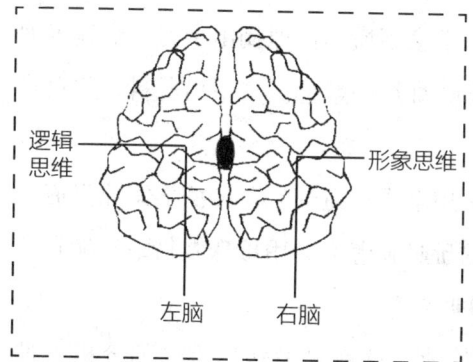

逻辑思维 ←——
形象思维 ——→

左脑　　　右脑

本质：这个传家宝肯定值钱，猫身也一定不会便宜。只是年代久远，或者主人为了安全，才把猫身涂黑的。

推理：这只猫肯定不一般，不然怎么会把珍珠拿来做猫眼呢？

现象：一个普通的玩具猫有一双珍珠眼，身体很重，似乎是金属制成。

逻辑学家的思考过程

我捡了个大便宜，那双猫眼肯定很值钱

如果猫眼值钱的话⋯⋯

逻辑学家什么也没说，给了卖猫人200美元，买了玩具猫的身体。正当经济学家想嘲笑逻辑学家时，只见逻辑学家示意他快走。两人到了巷子里，逻辑学家不慌不忙地掏出小刀，当猫表面的黑漆被刮落时，里面露出金灿灿的颜色。"不出所料，这只猫是纯金的。"

"你怎么知道这只猫是用金子打造的？"经济学家惊叹道。逻辑学家说："一只普通的玩具猫怎么会用珍珠做猫眼？猫眼都那么珍贵了，猫身会是烂铁吗？"

从猫眼推断出猫身的价值，这就是逻辑思维中的分析、推理。世界上所有事物都是彼此联系的，这种联系不仅是外在明显的联系，也有内在的本质的联系。这正是不可不学、不可不用逻辑思维的原因。

演绎推理法

演绎推理法是指从几个已知结论出发，根据这些结论之间的逻辑联系进行推导，从而演绎出新结论。

人类向来喜欢探求未知的事物，而演绎推理就是必不可少的工具。从已有的认知不断探索，得到新的认知，人类的智慧才能拓展；而另一方面，它也可以用来证明或者推翻某些已知结论，就像亚里士多德所说的"物体自由落体运动的速度与物体重量成正比，物体越重，下落的速度越快"。

这个结论在长达两千年的时间里被认为是真理。但是伽利略提出质疑，并且动手做了实验。伽利略设计了一个这样的问题来推翻亚里士多德的结论：有重物A和轻物B，把物体A和物体B用绳子绑在一起得到物体A+B，那么物体A+B的下落速度和物体A比较，谁的速度快？根据亚里士多德的结论，重一些的物体A+B会比物体A快。但又由于物体A比物体B重，所以物体B比物体A速度慢，那么在物体A+B下落时，物体B会拖慢物体A的速度，导致物体A+B的速度比A要慢。一方面物体A+B的速度比物体A要快；另外一方面物体A+B的速度比物体A要慢。这个结论肯定不能成立，所以，亚里士多德的说法是有问题的。

运用演绎推理法，从已知的命题推理到新的命题，如果得到

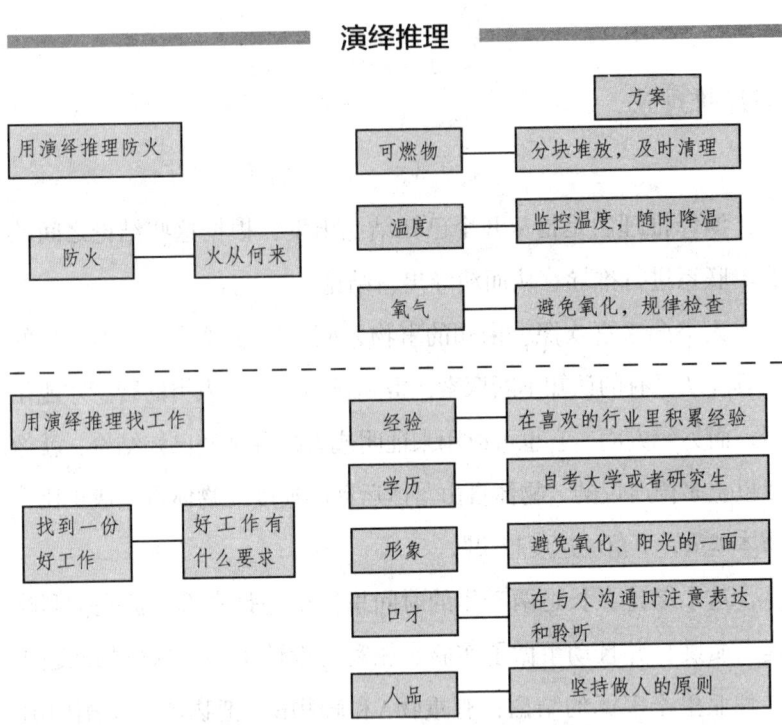

的新命题是错误的，说明已知命题必然是错误的。这是一种"反证法"。

生活中，演绎推理法更多是用来寻找出问题的根源，以便有针对性地解决问题。有一个煤厂的煤发生了自燃，煤厂为此请专家提供一个预防方案。

专家根据燃烧的要素：可燃物、高温、氧气，提出这样几点预防措施，煤炭分开堆放，定时清理；注意通风，加强对温度的检查。只要能杜绝高温并且避免煤氧化，就可以有效地预防火灾的发生。

回溯推理法

回溯推理法，是一种由事物结果倒推回事物原因的思维方法。一般情况下，我们是从事物变化的原因推断结果，但是由于事物的因果是相互依存相互转化的，所以我们也可以根据事物变化的结果推断出原因。

20世纪初，曾经有一种昏睡病在非洲流行，患上这种病的人会长时间昏睡最后导致死亡。为了治疗这种疾病，有人研发了一种名叫阿托品的药物。阿托品虽然可以治疗昏睡病，但是它有一个副作用，就是很容易导致人双目失明。

在这个事情中，服用阿托品是"因"，导致的结果却有两个，一个好的"果"——治疗昏睡病；一个坏的"果"——容易失明。我们当然希望保留好的"果"，去除坏的"果"，那么就需要对"因"进行改良。最终，有人对阿托品进行改良，得到了有效治疗昏睡病的药物。

回溯推理法的运用范围很广泛，在各种科学领域有着重要的地位。在地质考察领域，运用回溯推理法，通过对现在得到的陨石进行测算，推测银河系的年龄大概有140亿年至170多亿年。在考古挖掘领域，运用回溯推理法，根据现在挖掘出的恐龙化石，推测出恐龙存在于2.35亿年至6500万年前。在自然环境领域，臭氧空洞的出现引起人们的关注。人们开始根据臭氧空洞出现这一

回溯推理法

死者手指甲中有大量嫌疑人的皮肤组织，看来嫌疑人一定是和他发生了肢体冲突，死者抓破了嫌疑人的皮肤，因此要注意身上有新鲜抓伤和贴有绷带的人；现场还有一副深度近视眼镜，不是死者的，看来嫌疑人是一个深度近视的人，并且不是预谋已久的犯罪，杀人后丢下了眼镜就仓皇逃跑了，看来还是个新手。不过，也有可能是凶手栽赃……

"果"来探究"因"。因果性是回溯推理法最重要的特征。

除此以外，破案时也需要时常运用到回溯推理法。我们只能根据案件和现场情况——"果"，来推断犯罪嫌疑人及各种细节——"因"。

回溯推理思维方法是可以通过学习和训练培养的。多看一些关于侦探方面的小说、影视作品，能够帮助我们提高回溯推理思维能力。特别推荐柯南道尔的著名小说《福尔摩斯探案全集》。书中福尔摩斯曾说过："一个逻辑学家不需要看到或者听说过大西洋或尼加拉瀑布，他从一滴水就能推测出它们有可能存在。所以整个生活就是一条巨大的链条，只要见到其中的一环，整个链条的情况就可以推想出来了。"

逻辑思考力：
从逻辑思考到解决问题的方法和技巧

顺藤摸瓜揭示事实真相

大侦探福尔摩斯就是一个善于运用逻辑思维来推理断案的高手。

福尔摩斯第一次见到华生医生就认定他去过阿富汗，这让华生医生觉得十分不可思议。华生医生认为是有人告诉过福尔摩斯自己去过阿富汗。福尔摩斯则用自己的推断让华生医生折服了。

首先，福尔摩斯看到华生医生的办事效率和态度就觉得他肯定当过兵。

其次，看华生医生的肤色，就能断定他是从热带来的，再加上身上还有伤疤，"一个英国军医，在热带地区历尽艰苦，并且臂部受过伤，这能在什么地方呢？自然只有在阿富汗。"这就是福尔摩斯比较惯用的逻辑思维法。

正确的逻辑思维可以让我们正确地判断事物。

在河北沧州城南有一座寺庙，一年发了洪水，把寺庙前的一对石狮子冲到了附近的河道里。过了几年，人们准备重新修建寺院，于是想把这对石狮子从河道里打捞出来。大家来到河道里怎么找都找不到。这时有人提出，随着时间的流逝，顺着河流的走向，石狮子应该在寺庙的下游，但是大家去下游还是找不到。这时来了个老教授说，沙子是松动的，狮子应该在更深的地方而不是在

福尔摩斯与华生的初次见面

你好!你一定去过阿富汗吧?

你怎么知道的?

福尔摩斯看到华生医生的办事态度和站姿就觉得他肯定当过兵。

华生医生肤色古铜,能断定他从热带来,再加上握手的时候看到手上的伤疤,一个英国军医,在热带地区历尽艰苦,并且臂部受过伤,这能在什么地方呢?自然只有在阿富汗。

福尔摩斯的这一想法,用了前几节所讲的各种逻辑推理的方法:由现在的结果(伤疤)推及过去的生活(阿富汗从军),由现象(华生的站姿等)推理本质(军人的共性),通常情况下,逻辑推理的方法都是同时进行的,而不是单一地运用。

她一定就是流落民间的公主了。要知道我可是铺了二十床垫子,又在这些垫子上放了二十床鸭绒被。可是她还是感觉出来了最底下的那粒小黄豆,除了公主,还有谁能这么娇贵?

真假公主——童话故事里的逻辑推理

亲爱的,昨晚你睡得好吗?

太太,虽然您招待得很好,可是我还是觉得,床垫下面有个小东西让我不舒服……

逻辑思考力:
从逻辑思考到解决问题的方法和技巧

下游。但是大家在挖了很深之后，还是找不到石狮子。一位当过河道兵的人建议他们到寺庙上游去找，他解释道："石狮子结实沉重，水冲不走它，但上游来的水不断冲击，反会把它靠上游一边的泥沙冲出一个坑来。久而久之，坑越冲越大，石狮子就会倒转到坑里。如此再冲再滚，石狮子就会像'翻跟头'一样慢慢往上游滚去。往下游去找固然不对，往河底深处去找岂不更错？"大家听后，觉得很有道理，于是来到上游，发现了石狮子。

河道兵说的为什么对呢？因为河道兵对水流的习性非常熟悉，而其他人的判断只是依据自己的感性而不是经过实践得出的正确结论。推而广之，只是从表面上把握事物的本质是片面的、没有价值的。

逻辑思维与共同知识的建立

爱因斯坦在说到逻辑思维的时候经常提起他小时候的事情：有一次他父亲和他的叔叔清理烟囱，之后两人回到家里，父亲的身上很干净而叔叔的身上则沾满了烟灰。爱因斯坦就问父亲这是为什么。父亲教育爱因斯坦说，不能看别人怎么样你就觉得自己怎么样，否则白痴也会觉得自己是天才。

这个故事告诉我们不能简单地运用逻辑思维，推理过程要有坚实的基础。

再假设父亲没有清理整洁的时候，父亲和叔叔遇到了一个人，这个人告诉他们你们其中一个人身上是脏的，他们可能会互相打量一下，然后心里嘀咕，但是没有反应。可要是这个人说你们至少有一个人身上是脏的，再次打量后，父亲和叔叔脸都变红了，因为他们知道至少有一个，甚至有可能是两个人身上都是脏的。最后这个人又说你们至少有两个人身上都是脏的，这样的话两个人就都知道自己身上是脏的了。

上面的这个情况是逻辑思维常出现的现象，叫作共同知识。

简单地说，有一组人由A、B两个人构成，A、B均知道一件事实f，f是A、B各自的知识，而不是他们的共同知识。当A、B双方均知道对方知道f，并且他们各自都知道对方知道自己知道f，那么，f就成了共同知识。

任何人在生活中都无法于行动前预知对方的全部计划。这个时候，互动推理必须在看穿对手策略的情况下才能进行，而仅仅通过观察对方策略是无法进行的。

如果想达到互动推理的目的，只是简单地想象自己处于对手的位置远远不够。即使做了这样的设想，你也会发现对手的思路和你一样，也就是说他同时在假设自己和你处于相同的条件之下。

因此，互动推理中，人们必须同时扮演自己和对手两个角色，这样才能从双方的角度寻求最佳解决方案。

对信息进行提取和甄别

信息的提取和甄别是当今社会的一个关键问题。尤其是在生意场上，对于商业情报的提取和甄别是至关重要的。如果在最终决策的时候做出了错误的决定，可能会导致公司破产，而如果能够在不景气的时候"众人皆醉我独醒"，一夜暴富也不是没有可能。

菲利普是一家肉品厂的负责人，一日看到一条新闻说墨西哥暴发了瘟疫。于是他猜测很快瘟疫就会蔓延到美国内陆，这样的话，肉价很快会上涨。之后他收购了大量的牛羊猪肉进行囤积。不到一个月的时间，肉价疯涨，菲利普因此赚到了巨额的利润。菲利普善于提取有用的信息，并加以正确地逻辑思维和推断，做到了先人一步。

另外一个故事是美国著名政治家巴鲁克：1898年7月，巴鲁克正在家中听广播，忽然听到美国海军在圣地亚哥消灭了西班牙舰队。这对普通人来说也许只是一则普通的新闻，但巴鲁克却运用逻辑分析发现了商机。

美军消灭西班牙舰队，战争即将结束，战争结束后，社会稳定的情况下物价必然会飞涨。

这天是星期天，按照惯例美国的证券交易所周一是关门的，但是巴黎却是照常营业。如果巴鲁克能赶在黎明前到达自己的办公室，那么就能发一笔大财。

逻辑思考力：
从逻辑思考到解决问题的方法和技巧

我们每天接触到的信息

有效提取信息的办法：

（1）明确自己需要哪方面的信息，这样在接收信息的过程中就有目的性，自动淘汰掉对你来说不重要的信息。如果你能明确自己需要什么，当你如此提醒自己一段时间之后，任何信息对你来说都会有用，因为你会自觉地把信息和自己的需要联系起来，所以很多人能够从新闻联播中听出商机。

（2）保证信息源的权威。尽量多关注专业人士和权威机构发布的信息，这样能减少被误导的概率。

（3）尽可能全面地搜集信息。如果你能掌握一门外语，通过互联网到外国媒体上了解自己的需求，也能帮助你从另一个角度来看待问题。

（4）保持持续收集信息的习惯。如果你想要成为一个领域的专家，必须持续至少三年以上地搜集相关领域的信息。因为现代社会是不断更新的，过去认为正确的东西现在可能已经被推翻；过去还只是一点点迹象的东西现在已经成了大气候。

在那个交通不发达的时代，汽车还并没有被发明，火车夜间也是停止运行的，但是巴鲁克却果断地赶到火车站，租了一辆专车，在黎明前赶到了自己的办公室，在其他人还在梦乡之中时，巴鲁克已经做成了几笔大买卖，他成功了。

现代社会是一个信息爆炸的时代，我们每天接触到的信息是古代人的成千上万倍，要从中找到自己需要的信息，并加以利用，是一件极需要头脑的事情。只有抓住有效信息，进行逻辑思维的加工，才能及时地把握住机会。

定义判断

定义是明确概念内涵的逻辑方法

如果需要给一个概念下一个定义，那就需要用精练的语言把这个概念的内涵揭示出来，找出这个概念反映对象的本质属性。概念需要通过词句来表达。"劳动纠纷""证据不足""非法获利"等都是语言概念的一种表达形式。

定义的逻辑方法

"属"加"种差"的方法是定义的主要方法。

"属"加"种差"的定义，指的是揭示概念最接近的"属"概念和"种差"来明确概念内涵的一种逻辑方法。

"诉讼标的"的定义是当事人之间发生争议，并提请人民法院确认的权利义务关系。在"诉讼标的"的定义中，"权利义务关系"就是我们所说的"属"，表示它是诉讼标的"权利义务关系"的其中一种。而"当事人之间发生争议并提请人民法院确认的实体"就是"种差"，它表示"诉讼标的"不同于其他"权利义务关系"的本质属性。两者联合揭示了"诉讼标的"的内涵概念，从而得出"诉讼标的"的定义。

逻辑思考力：
从逻辑思考到解决问题的方法和技巧

定义的特征及要素

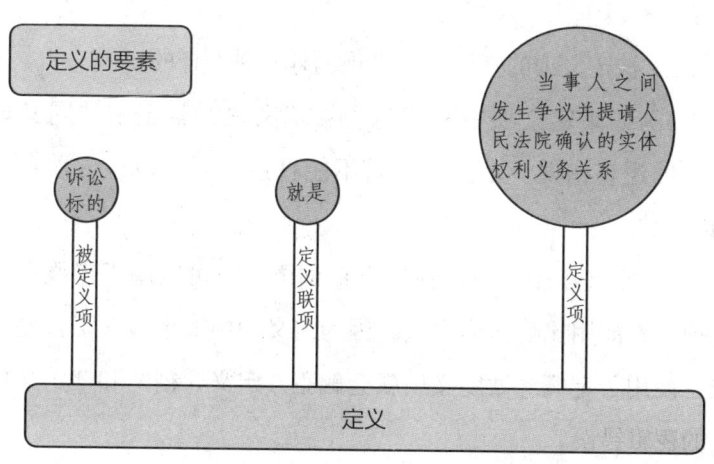

定义的要素

当事人之间发生争议并提请人民法院确认的实体权利义务关系

诉讼标的
被定义项

就是
定义联项

定义项

定义

定义项是用来揭示被定义项的内涵概念的，而被定义项则是通过定义来揭示自身的内涵概念。联接定义项和被定义项组成定义概念的就是定义联项。

定义的特征

内涵和外延是概念的两个基本特征。概念的含义就是概念的内涵，也就是这个概念所表达的事物所具有的本质属性。就像"钱是用来购买生活必需品的"当中"用来购买生活必需品"就是"钱"的概念内涵。

反映概念事物对象范围的就是概念的外延。《周易》《尚书》《诗经》《周礼》《仪礼》《礼记》《左传》《公羊传》《谷梁传》《论语》《孝经》《尔雅》《孟子》统称十三经。上面的《周易》《尚书》等就是从概念的外延来说明"十三经"这个概念。

定义的规则

定义有以下三个规则：

（1）被定义项的外延和定义项的外延是一样的。

（2）如果定义项中直接包含被定义项，就犯了"同义词反复"的逻辑错误。定义项中是不能直接、间接地包含被定义项的。

（3）定义项中不可以使用含糊词语，不可以用否定概念做定义项，不能用比喻作为定义。因为定义项中如果包含了含糊词语或者使用否定概念做定义项就会触犯"定义含糊"和"定义模糊"的逻辑错误。

语意预设

什么是语意预设

预设是逻辑学中的一个术语，包括语意预设和语用预设。语意预设是判断一个命题是真命题还是假命题的前提条件，不管是要确认还是否定这个命题都要提前做的一个假设。当说话者说出一句话时，有些条件一定要说话双方都知道才恰当时，就需要在说出这句话之前做语意预设。由于在日常交际生活中，交谈是在特定的语境中进行的，交谈的双方也往往具有共同的背景，所以没必要把所有的前提——列出。

但是判断哪些前提是否需要列出，就看省略这些前提是否会引起交谈双方的推理错误。但是还可能出现这样的情况，这些前提本身就存在逻辑错误，所以不管省略还是不省略，都会引起错误。

这个时候就需要把所有的前提、假定拿出来，判定这些假定是否真实正确。也就是说对说话者的预设进行一个推理判断，看是否合理。

有时候，省略前提会导致说话者的话语不够充分有力。这个时候就有必要把前提再拿出来强调一下，用来支持说话者的语句或论证说话者语句的正确性。这种情况，往往是前提与话语存在某种因果关系。

语意预设案例

A、B两个人谈论公司某个同事。

语意预设案例解析

母亲要求儿子从小就努力学外语。儿子说："我长大又不想当翻译，何必学外语。"

以下哪项是儿子的回答中包含的前提？

A.要当翻译，需要学外语。

B.只有当翻译，才需要学外语。

C.当翻译没什么大意思。

D.学了外语才能当翻译。

E.学了外语也不见得能当翻译。

正确答案：B。选项C只反映儿子对当今翻译的态度，可直接排除。选项E是说"学外语"不是"当翻译"的充分条件，但并不能说明"当翻译"是"学外语"的必要条件，不选。选项A和D也不选，因为这两项中，"当翻译"是"学外语"的充分条件，并不一定必要，不当翻译照样可以学外语。

A：他是大众公司最能干的部门经理。

B：这怎么可能呢?他平时开的是一辆日本车。

请问，B的判断是建立在哪种预设下的?

（1）日本车现在越来越受欢迎，占领了越来越大的国际市场。

（2）这辆日本车的性能一定非常优异，才可能吸引公司的部门经理。

（3）一个公司的部门经理应当使用本公司的产品，不应该买别的公司的车。

（4）他开的那辆日本车可能是大众公司在日本的合资企业生产的。

【解题分析】

大众公司自身就是世界著名的汽车生产厂商。作为公司的员工有义务维护和树立公司的形象，更何况是公司的管理人员。

作为部门经理，如果都不开自己公司的车，而开别的公司的车，很容易让人产生不好的联想：大众公司的经理都不喜欢自己公司的车，去选择别的公司的车，大众一定比不过别的公司。所以B的结论应该是建立在3 的预设下的，其他的预设都不会导致B得到这样的结论。

条件判断

充分条件假言判断

1. 含义

断定某一事物情况的存在为另一事物情况存在的充分条件的复合判断，叫作充分条件假言判断。

例1：如果考场放置一台干扰器，那么学生们的手机都将失去信号。

例2：只要明天天气晴朗，我们就一定去春游。

例1断定考场放置干扰器这一情况的存在是手机失去信号之情况存在的充分条件；例2断定天气晴朗这一情况的存在是去春游之情况存在的充分条件。

2. 汉语表达

在充分条件假言判断句中的连接词语主要有这些："如果……那么……""若……则（就）……""只要……就……""当……便……""若……必……""假使……那么（就）……""要是……便……""即使(纵然)……也……""一……就……""就""则"……

虽然在常见的规范的充分条件假言判断语句中，我们通常使用"如果……那么""……若……则"等连接词，必须指出的

充分条件假言判断

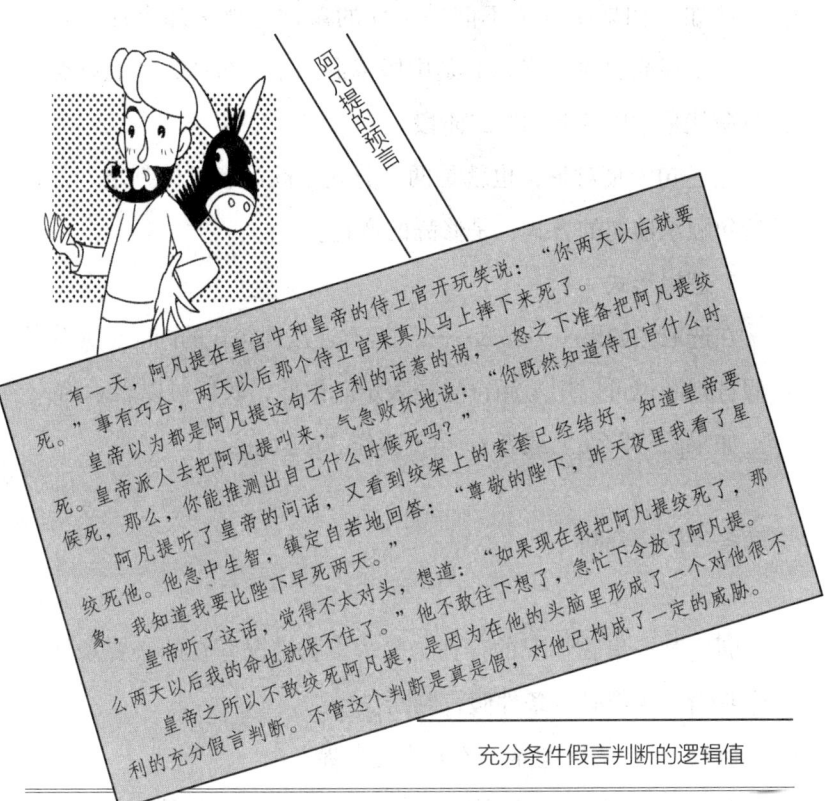

阿凡提的预言

有一天，阿凡提在皇宫中和皇帝的侍卫官果真从马上摔下来死了。"事有巧合，两天以后那个侍卫官果真从马上摔下来死了。皇帝以为都是阿凡提这句不吉利的话惹的祸，一怒之下准备把阿凡提绞死。皇帝派人去把阿凡提叫来，气急败坏地说："你既然知道侍卫官什么时候死，那么，你能推测出自己什么时候死吗？"

阿凡提听了皇帝的问话，又看到绞架上的索套已经结好，知道皇帝要绞死他。他急中生智，镇定自若地回答："尊敬的陛下，昨天夜里我看了星象，我知道我要比陛下早死两天。"

皇帝听了这话，觉得不太对头，想道："如果现在我把阿凡提绞死了，那么两天以后我的命也就保不住了。"他不敢住下想了，急忙下令放了阿凡提。

皇帝之所以不敢绞死阿凡提，是因为在他的头脑里形成了一个对他很不利的充分假言判断。不管这个判断是真是假，对他已构成了一定的威胁。

充分条件假言判断的逻辑值

p	q	p→q
真	真	真
真	假	假
假	真	真
假	假	真

　　一个充分条件假言命题，只有在前件真并且后件假的情况下才是假的，在其余情况下都是真的。

是，并不是所有此形式的连接词语都表达充分条件假言判断。

例如：如果说这个不能满足你的条件，那么那个你一定喜欢。如果说新民主主义革命是中国革命的第一阶段，那么社会主义革命就是中国革命的第二阶段。

上述句子是对举，也就是两个分句之间没有任何判定，是一种后句顺承前句的方式，是修辞的产物。

3. 逻辑形式

在选取"如果……那么……"这类连接词句式的同时，充分条件假言判断也可以用蕴涵符号→表示。由此，我们可以表示为：

如果p，那么q。或者 p→q（读作"p蕴涵q"）

必要条件假言判断

1. 含义

断定某一事物情况的存在为另一事物情况存在的必要条件的复合判断，叫作必要条件假言判断。

例1：只有认识世界，才能改变世界。

例2：只有限制石油过度开采，才能为人类的以后谋福利。

例1断定认识世界这一情况的存在是改变世界之情况存在的必要条件；例2断定限制过多开采石油这一情况的存在是为人类谋福利之情况存在的必要条件。

2. 汉语表达

在必要条件假言判断句中的连接词语主要有这些："只

逻辑思考力：
从逻辑思考到解决问题的方法和技巧

有……才……""必须……才……""除非……才……""除
非""才"

我们给必要条件假言判断总结出16种汉语句式（设p表示
前项，q表示后项）："只有p，才q""必须p，才q""p，
才q""除非p，才q""除非不p，才不q""除非p，才不
q""除非不p，才q""除非p，否则（不然）不q""不q，除非
p""q，除非不p""必须p，才q，不然（否则）就不q""若要
q，除非p""p是q的必要条件""p对于q来说是必不可少的"
"p是q的重要前提""没有（不）p，没有（不）q"。

以上这16种句式都可以表达必要条件假言判断命题，其中有
些在感情色彩上较为浓重。

3.逻辑形式

在选取"只有……才……"这类连接词句式的同时，必要条
件假言判断也可以用蕴涵符号←表示。由此，我们可以表示为：

如果p，那么q。或者 p←q（读作"p逆蕴涵q"）

必要条件假言判断与充要条件假言判断

必要条件假言判断的逻辑值

一个必要条件假言判断，只有在前件假并且后件真的情况下才是假的，在其余情况下都是真的。

p	q	要么p，要么 q
真	真	真
真	假	真
假	真	假
假	假	真

充要条件假言判断

充要条件假言命题是充分必要条件假言判断的简称，是对充要条件关系假言判断的刻画。如"三角形的三内角相等，当且仅当它的三边相等"。一般形式为"p当且仅当q"，p、q分别称为前、后件。

在日常语言中，充要条件假言命题表述为"如果p，则q，并且只有p，才q"。一个充要条件假言判断，只有在前、后件取相同的真值时才是真的，在其余情况下都是假的。

其真值表如下：

p	q	p←→ q
真	真	真
真	假	假
假	真	真
假	假	真

逻辑思考力：
从逻辑思考到解决问题的方法和技巧

命题推理

四种命题

包括原命题、逆命题、否命题和逆否命题。

（1）对于两个命题，如果一个命题的条件和结论分别是另外一个命题的结论和条件，那么这两个命题叫作互逆命题，其中一个命题叫作原命题，另外一个命题叫作原命题的逆命题。

（2）对于两个命题，如果一个命题的条件和结论分别是另外一个命题的条件的否定和结论的否定，那么这两个命题叫作互否命题，其中一个命题叫作原命题，另外一个命题叫作原命题的否命题。

（3）对于两个命题，如果一个命题的条件和结论分别是另外一个命题的结论的否定和条件的否定，那么这两个命题叫作互为逆否命题，其中一个命题叫作原命题，另外一个命题叫作原命题的逆否命题。

四种命题的相互关系

1.四种命题的相互关系

原命题与逆命题互逆，逆命题与逆否命题互否，逆否命题西双版纳植物园中有两种樱草，一种自花授粉，另一种非自花授粉，即须依靠昆虫授粉。近几年来，授粉昆虫的数量显著减少。另外，一株非自花授粉的樱草所结的种子比自花授粉的要少。显然，非自花授粉樱草的繁殖条件比自花授粉的要差。但是，游人在植物园多见的是非自花授粉樱草而不是自花授粉樱草。以下哪项断定最无助于解释上述现象？

A. 和自花授粉樱草相比，非自花授粉樱草的种子发芽率较高。

B. 非自花授粉樱草是本地植物，而自花授粉樱草是前几年从国外引进的。

C. 前几年，上述植物园中非自花授粉樱草和自花授粉樱草的数量比大约是5：1。

D. 当两种樱草杂生时，土壤中的养分更易于被非自花授粉樱草吸收，这又往往导致自花授粉樱草的枯萎。

E. 在上述植物园中，为保护授粉昆虫免受游客伤害，非自花授粉樱草多植于园林深处。　　　　（选自2009年公务员考试试题）

答案是A

与否命题互逆，否命题与原命题互否，原命题与逆否命题相互逆否，逆命题与否命题相互逆否。

2.四种命题的真假关系

两个命题互为逆否命题，它们有相同的真假性。

两个命题为互逆命题或互否命题，它们的真假性没有关系。

逻辑思考力：
从逻辑思考到解决问题的方法和技巧

模态推理

假言判断的含义及其逻辑特征

对必然性和可能性的事物情况的判断，我们称为模态判断。简单地说就是对"肯定"和"也许"这类模糊词的判断。

例1：任何事物的变化都肯定经过由量变到质变的过程。

例2：哥德巴赫猜想也许会得到证明。

例1中直接断定了一个事物发展的肯定性，然而例2中却只是模糊地阐述哥德巴赫猜想的可能性。"肯定""也许"我们可以称之为模态概念，表达这种概念的词语称为模态词。模态词出现在语句中的位置是不固定的，它可以在句首或者句尾，甚至句子中的每一个连接处。

模态判断一般用来判断事物的不确定性，表示事物本身确实存在的某种可能性或必然性，或者表示我们还不｜分清楚的事物。

模态判断的种类

1. 必然判断

一般当人们对社会、自然等客观事物认识得尤为深刻时，采用必然判断来断定事物情况的必然性。

（1）必然肯定判断。必然肯定判断毫无疑问是对事物的一种必然存在的肯定。

（2）必然否定判断。与必然肯定判断正相反，必然否定判断就是断定一种必然不存在的事物。

2.可能判断

可能判断是一种模棱两可的判断，由于它所判断的事物本身就是可能存在也可能不存在的。我们又称之为或然判断。

3.可能肯定判断

对于可能存在的模态判断，我们采用可能肯定判断。

4.可能否定判断

可能否定判断是断定事物情况可能不存在的模态判断。

模态判断逻辑方阵

我们把矛盾关系、从属关系、反对关系、下反对关系这四种模态判断的真假制约关系称之为模态判断逻辑方阵。如果四种模态判断所断定的事物情况相同，但是肯定或否定的必然性、可能性不同，我们就称之为素材相同。四种模态判断之间的真假制约关系同直言判断的对当关系，也就是主、谓项相同的A、E、I、O四种直言判断的真假制约关系相同，都可以用类似的逻辑方阵图来表示。

在矛盾模态判断中，如果一个为真，另一个就必假；如果一个为假，另一个就必真。

在从属关系的模态判断中，必然判断真，可能判断必真；必然判断假，可能判断真假不定；可能判断真，必然判断真假不

逻辑思考力：
从逻辑思考到解决问题的方法和技巧

定；可能判断假，必然判断必假。

在反对关系的模态判断中，一个真，则另一个就必假；一个假，则另一个真假不定。

在下反对关系模态判断中，一个假，则另一个必真；一个真，则另一个真假不定。

模态推理题

1.一个执行董事会制度的企业腾飞，不可能是董事长一个人英明。可见( )。
A．所有董事可能都很英明　　B．董事长一定英明
C．没有一个董事不英明　　　D．可能不是董事长自己英明

2.假如人类不可能破坏动物的自然生态环境，也就是不侵害动物，那么就不存在动物拒绝和人类和谐相处。
我们要认识到（ ）。
A．所有动物都不拒绝和人类和谐相处，一定是人类并未破坏动物自然生态环境
B．只要有动物侵害人，可能是人类破坏了它的自然生态环境
C．存在着没有受侵害的动物，但它也侵害人类
D．人类破坏了动物的自然生态，就会遭到动物的侵害

3.在选举社会，每一位政客为了当选都要迎合选民。程扁是一位超级政客，特别想当选。因此，他会想尽办法迎合选民。在很多时候，不开出许多空头支票，就无法迎合选民。而事实上，程扁当选了。从题干中推出哪一个结论最为合适( )
A．程扁肯定向选民开出了许多空头支票
B．程扁肯定没有向选民开出了许多空头支票
C．程扁很可能向选民开出了许多空头支票
D．程扁很可能没有向选民开出许多空头支票

答案：
1.D 2.B 3.C

模态推理题

1.人都说错过话。曾有个著名哲学家说过人用心脏思考问题，这个错误断定可能受到学科知识的影响。人都说过假话，说假话要看目的。例如，有个律师曾免费为盲人提供法律支持，却否认自己无偿帮助残疾人。由此推知（　　）

A.人不一定都说假话

B.出于善良的目的的假话不算谎话

C.哲学家可能也有说谎的时候

D.有人说谎是为欺诈

2.最近一段时间，有关地震的传言很多。一天，小明问正在院子里乘凉的爷爷："爷爷，他们都说明天会有地震。"爷爷说："根据我的观察，明天不必然地震。"小明说："那您的意思是明天肯定不会发生地震了。"爷爷说："不对。"小明陷入了迷惑。以下哪句话与爷爷的意思最接近？（　　）

A.明天必然不地震　　　B.明天可能地震

C.明天可能不地震　　　D.明天不可能地震

> ### 模态判断运用的注意事项

（1）首先要顺应客观事物情况的必然性或者可能性，这样才能正确地运用模态判断。比如，如果我们说"过失伤害罪可能是违法行为"。那么这时应该使用必然判断，我们却用成了可能判断，由此混淆了模态判断的种类。

（2）避免使用不同的模态概念在同一模态判断中。

答案：
1.C 2.C

逻辑思考力：
从逻辑思考到解决问题的方法和技巧

类比推理

什么是类比推理

当两个或者两个以上的事物在某种属性上一样，从而判断它们另外的属性是不是也一样的推理我们称为类比推理。其逻辑结果的表达为：

A事物具有属性a、b、c、d（基础范围的特征或因果关系，属于知识经验）；

B事物具有属性a、b、c（目标范围的特征或因果关系，属于观察实验）；

所以，B事物也可能具有属性d（映射：问题情景成为基础情景的镜像）。

有这么一个故事：有一个人的母亲，非常信佛，每天都在佛祖面前虔诚地念："南无阿弥陀佛。"后来有一天，这个人早上起床之后就喊他母亲："妈！"母亲自然是答应了他。

过了一会儿，他又喊："妈。"母亲还是照样答应他，但是这个人一直不停地喊，母亲终于不耐烦地骂了他一顿，这个人却一脸笑意地对母亲说："阿弥陀佛每天被你喊那么多次都没烦，怎么我才喊您这么两声您就不耐烦了呢？"这个人就是用类比推

类比推理题

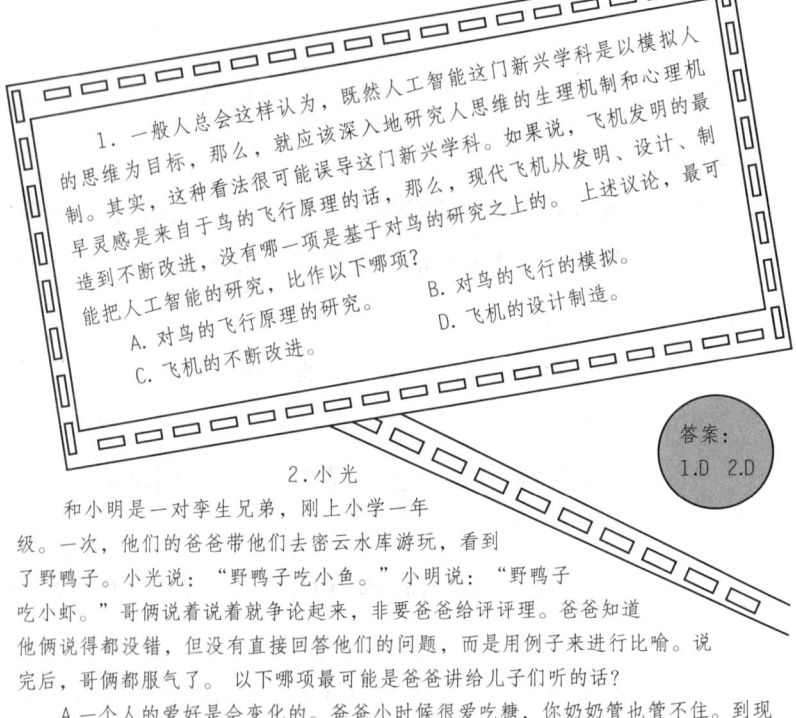

1. 一般人总会这样认为，既然人工智能这门新兴学科是以模拟人的思维为目标，那么，就应该深入地研究人思维的生理机制和心理机制。其实，这种看法很可能误导这门新兴学科。如果说，飞机发明的最早灵感是来自于鸟的飞行原理的话，那么，现代飞机从发明、设计、制造到不断改进，没有哪一项是基于对鸟的研究之上的。上述议论，最可能把对人工智能的研究，比作以下哪项？

A. 对鸟的飞行原理的研究。　　　B. 对鸟的飞行的模拟。
C. 飞机的不断改进。　　　　　　D. 飞机的设计制造。

答案：
1.D 2.D

2. 小光

和小明是一对孪生兄弟，刚上小学一年级。一次，他们的爸爸带他们去密云水库游玩，看到了野鸭子。小光说："野鸭子吃小鱼。"小明说："野鸭子吃小虾。"哥俩说着说着就争论起来，非要爸爸给评评理。爸爸知道他俩说得都没错，但没有直接回答他们的问题，而是用例子来进行比喻。说完后，哥俩都服气了。以下哪项最可能是爸爸讲给儿子们听的话？

A.一个人的爱好是会变化的。爸爸小时候很爱吃糖，你奶奶管也管不住。到现在，你让我吃我都不吃。

B.什么事都有两面性。咱们家养了猫，耗子就没了。但是，如果猫身上长了跳蚤也是很讨厌的。

C.动物有时也通人性。有时主人喂它某种饲料吃得很好，若是陌生人喂，怎么也不吃。

D.你们兄弟俩的爱好几乎一样，只是对饮料的爱好不同。一个喜欢可乐，一个喜欢雪碧。你妈妈就不在乎，可乐、雪碧都行。

逻辑思考力：
从逻辑思考到解决问题的方法和技巧

理来劝导他的母亲的。

类比推理的特征

（1）推理类型是独立的。它是把特定的对象或者领域推导到另一对象或领域中去，它的方法与演绎推理的从一般到个别不一样，也与归纳推理的从个别到一般不同。

（2）是一种或然性推理。其一，类比推理的结论的断定范围是超出前提断定范围的，它是把一个对象所具有的属性（比如公式中的d）推导到另一类与之相似的对象上去。其二，之所以不用演绎推理，是因为类比的两个对象的相同属性与被推出属性虽然会有联系，但并不见得是必然性的联系。其三，对象之间总是存在着相同点和差异点，如果得出的结论是错误的，那么类比的属性肯定是两个对象之间的差异点。

正确应用类比推理注意事项

（1）如果先前可以确认的相同属性越多，那么结论就越可靠。比如，航天飞机上天的时候，常常会用猴子来做试验品，就是因为后者本身和人类的很多属性相同。

（2）如果先前可以确认的类推属性和相同属性之间的关系越密切，那么你的结论可靠性自然就越大。比如，我们国家的浙江黄岩，是柑橘的产地，很多美国学者都来进行考察，发现黄岩的地质结构和加利福尼亚州很相似，于是他们觉得把黄岩的柑橘移植到加利福尼亚肯定能获得很好的产量，结果真的如

1.点子大王秦老师最近又要贡献一个点子给都市报报业集团。秦老师分析了目前报纸的发行时段：早上有晨报，上午有日报，下午有晚报，真正为晚上准备的报纸却没有。秦老师建议他们办一份《都市夜报》，打开这块市场。谁知都市报报业集团却没有采纳秦老师的建议。以下哪项如果为真，能够恰当地指出秦老师的分析中所存在的问题？

A. 报纸的发行时段和阅读时间是不同的。

B. 酒吧或影剧院的灯光都很昏暗，无法读报。

C. 许多人睡前有读书的习惯，而读报的比较少。

D. 晚上人们一般习惯于看电视节目，很少读报。

正确答案为A。秦老师仅仅根据一日时间和报纸名称的相似就进行类比推理，忽视了阅读与发行时间的滞后。

2.韩国人爱吃酸菜，翠花爱吃酸菜，所以，翠花是韩国人。以下哪个选项最明确地显示了上述推理的荒谬？

A. 所有的克里特岛人都说谎，约翰是克里特岛人，所以，约翰说谎。

B. 会走路的动物都有腿，桌子有腿，所以，桌子是会走路的动物。

C. 西村爱翠花，翠花爱吃酸菜，所以，西村爱吃酸菜。

D. 所有金子都闪光，所以，有些闪光的东西是金子。

正确答案为B。

他们所愿。

这就是因为柑橘的产量与自然条件之间有着密切的联系。反之，很多人会容易犯"机械类比"的逻辑错误，相同属性和推出属性之间如果没有什么联系，是绝对不可以把它们当成依据的。例如，有人说火星和地球都是太阳系的行星，它们都围绕太阳转并且自转，既然地球上有生命，那么火星上也必然会有生命的存在。这个就是典型的"机械类比"，我们都知道生命是蛋白质与核酸作用的结果，与星球的公转、自转没有联系。

（3）要注意分析类比对象与推出属性之间是否有排斥性，如果有不相容的属性则不能进行类推。

结构比较

结构比较

通常我们在遇到繁杂题干和选项时，可以选择通过形式结构的比较来判定解题。也就是说从结构上比较题干和四个选项之间的相同点和不同点。

我们可以将繁杂的内容忽略不计，只针对其抽象出的一般结构进行对比。即用命题变项表示其中的单个命题，或用词项变项表示直言命题中的词项。

结构比较例题

以下各项中，逻辑结构与题干最为类似的是哪一个？

A. 据公司规定，要获得本年度的特别年终奖金，必须有出色的业务能力，并且全年保持全勤。有些年度特别年终奖金的获得者业务能力非常出色，但并没有保持全勤，因此，本次公司发出的奖励有失偏颇。

B. 一个好的电影要卖座，必须要有精良的制作，还要经过广泛的宣传。有些卖座电影的可看性不大，因此有些商业电影纯粹是凭宣传的。

C. 任何缺乏保养的汽车使用了几年之后都需要维修，有些

结构比较型逻辑题

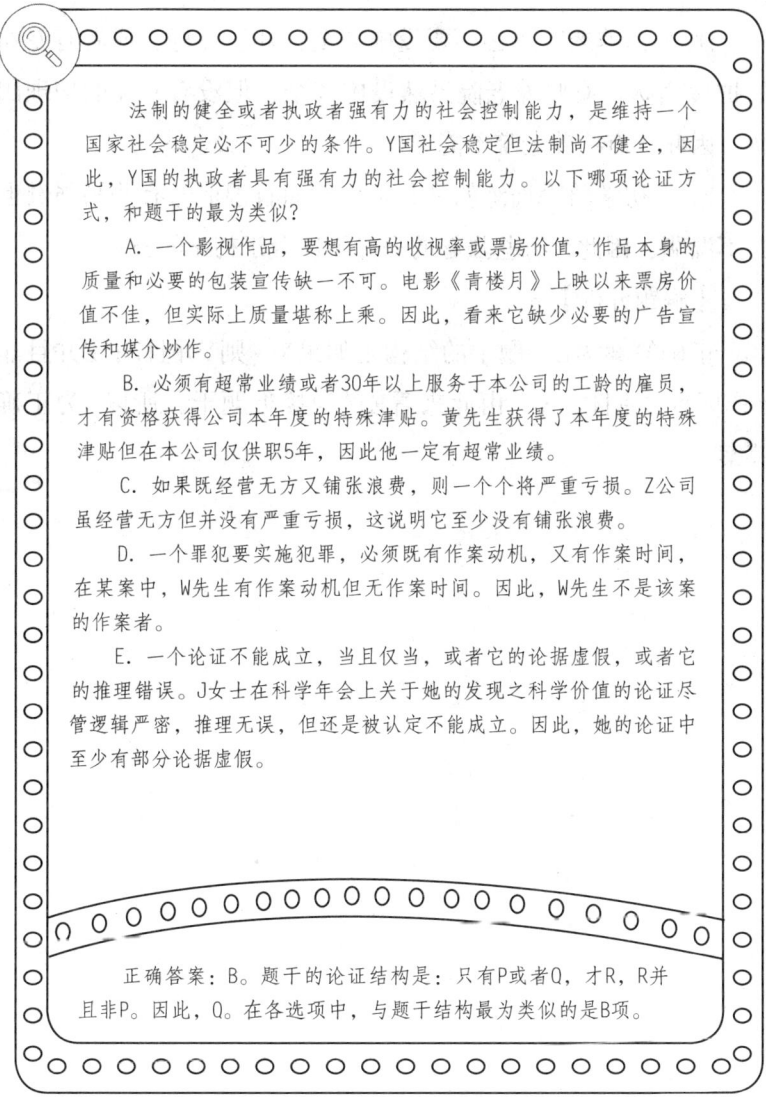

法制的健全或者执政者强有力的社会控制能力，是维持一个国家社会稳定必不可少的条件。Y国社会稳定但法制尚不健全，因此，Y国的执政者具有强有力的社会控制能力。以下哪项论证方式，和题干的最为类似？

A. 一个影视作品，要想有高的收视率或票房价值，作品本身的质量和必要的包装宣传缺一不可。电影《青楼月》上映以来票房价值不佳，但实际上质量堪称上乘。因此，看来它缺少必要的广告宣传和媒介炒作。

B. 必须有超常业绩或者30年以上服务于本公司的工龄的雇员，才有资格获得公司本年度的特殊津贴。黄先生获得了本年度的特殊津贴但在本公司仅供职5年，因此他一定有超常业绩。

C. 如果既经营无方又铺张浪费，则一个个将严重亏损。Z公司虽经营无方但并没有严重亏损，这说明它至少没有铺张浪费。

D. 一个罪犯要实施犯罪，必须既有作案动机，又有作案时间，在某案中，W先生有作案动机但无作案时间。因此，W先生不是该案的作案者。

E. 一个论证不能成立，当且仅当，或者它的论据虚假，或者它的推理错误。J女士在科学年会上关于她的发现之科学价值的论证尽管逻辑严密，推理无误，但还是被认定不能成立。因此，她的论证中至少有部分论据虚假。

正确答案：B。题干的论证结构是：只有P或者Q，才R，R并且非P。因此，Q。在各选项中，与题干结构最为类似的是B项。

汽车用了很长时间以后还不需要维修，因此，有些汽车经常得保养。

D. 选择养老院，必须要设施齐全，环境良好，或者有专业的护理团队。有些养老院虽然设施齐全，但没有专业的护理团队，因此，有些养老院不能选择。

E. 为初学骑手训练的马必须强健而且温驯，有些马强健但并不温驯，因此，有些强健的马并不适合于初学的骑手。

【解题分析】

正确答案为E。题干的结构是如果X，则Y并且Z；Z并且非Y；因此Z并且非X。由此来看E最为接近题干，所以E为正确答案。